生活中的安全用电

主审　邵国成　陈关贤

主编　顾益明　彭晓美　鲁江锋

浙江科学技术出版社

图书在版编目（CIP）数据

　　生活中的安全用电 / 顾益明,彭晓美,鲁江锋主编. —
杭州：浙江科学技术出版社，2016.3（2018.3重印）
　　ISBN 978-7-5341-7081-2

　　Ⅰ.①生…　Ⅱ.①顾…　②彭…　③鲁…　Ⅲ.①安
全用电–中等专业学校–教材　Ⅳ.①TM92

　　中国版本图书馆CIP数据核字（2016）第044765号

书　　　名　生活中的安全用电
主　　　审　邵国成　陈关贤
主　　　编　顾益明　彭晓美　鲁江锋

出版发行　浙江科学技术出版社
　　　　　　地址：杭州市体育场路347号　邮政编码：310006
　　　　　　办公室电话：0571-85176593
　　　　　　销售部电话：0571-85176040
　　　　　　网址：www.zkpress.com
　　　　　　E-mail：zkpress@zkpress.com

排　　　版　杭州兴邦电子印务有限公司
印　　　刷　杭州杭新印务有限公司
经　　　销　全国各地新华书店

开　　　本　889×1194　1/16　　印　张　10
字　　　数　208 000
版　　　次　2016年3月第1版　　印　次　2018年3月第2次印刷
书　　　号　ISBN 978-7-5341-7081-2　定　价　35.00元

版权所有　翻印必究

责任编辑　张祝娟　　　　　责任校对　罗　璀
责任美编　金　晖　　　　　责任印务　崔文红

前　言

当代社会，电作为一种能源被我们广泛利用，并与人们的生产、生活息息相关。然而电在造福人类的同时，如使用不当，也会存在诸多隐患，甚至造成严重事故。《生活中的安全用电》旨在解决现实生活和工作场景中的用电安全问题，并以此培养读者安全规范意识，规范设备操作标准。本书以生活视角为背景、以情景案例为载体、以企业品牌为平台，贯穿问题的分析与解决，为向读者普及生活用电常识、工作用电规范、常见事故解决提供了参照依据。

通过学习本书内容，读者能了解和掌握基本用电安全知识，具备对公共电力设备、家用生活设备、常见用电设备的标识识别、规范使用、故障排除的能力。同时，本书立足生活，以"生活"化视角再现场景，通过电力企业大数据分析，以丰富的场景再现、案例链接、实验操作作为活动的组织平台，实现教育源自生活、教育服务生活的人文教育理念。

本书摒弃了传统图书的说教性、程式化，以篇章、项目、活动为主框架，立足生活背景，分公共篇、家庭篇、器材篇，以项目式和活动平台的方式，将情景再现、知识链接、鲁师傅实验室、鲁师傅提醒、鲁师傅提问、知识小结、延伸阅读等贯穿始末。本书以"鲁师傅"人物原型在本书中呈现知识点，并使用生活中的小实验增加知识点的解读，兼顾图书的系统性、可读性、趣味性、实用性。其突出特点为：

1. 知识框架科学，真正做到知行一体。

2. 吸引国企力量，真正做到源于生活、理实一体，策划、编写人员来自国有供电企业，具有丰富的工作实践经验，大量的现实案例来自生活一线、生产一线。

3. 发挥品牌效应，真正做到信息开放、资源共享，"电工鲁师傅"作为地方供电企业主打服务品牌，有本土化信息优势，每个活动后都有"延伸阅读"板块。

本书由绍兴中专校长邵国成、国网绍兴供电公司总经理陈关贤担任主审，副校长顾益明、专业教师彭晓美、国网绍兴供电公司鲁江锋担任主编。国网绍兴供电公司的孟永平、裴志刚、吴劲波、李丰、王乾鹏和绍兴市协合堂文化传播有限公司参与本书的策划、整理、教学资料拍摄，在此谨表示衷心的感谢。

编著者

2018 年

目 录

家庭篇

器材篇

项目 常用工具

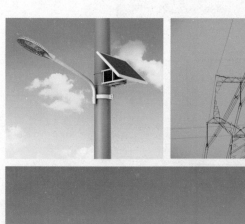

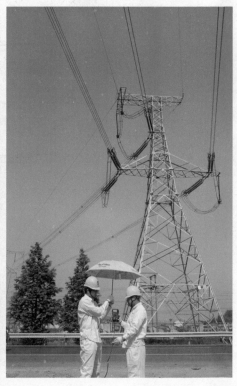

公共篇

电带着光明和力量，
吞没了时间和空间，
载着人的声音跋山涉水，
它虽然默默无闻，
但却是人类最伟大的仆人。
——查·埃利奥特

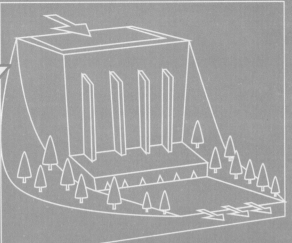

项目一

认识它们很有用

无形　　　　不可储藏
无色　　无味

活动一：
对"电"的了解知多少

⚡ 情景再现

　　一个夜晚，小丁正在电视机前看《午夜凶铃》打发时光，突然"嚓"的一声，电视屏幕和屋里的灯光瞬间熄灭。再探身向窗外望去，街上也是一片漆黑，隐约只见一片黑森森的高楼矗立在没有灯光的一片死寂中。停电的城市，完全没有了往日的华彩与热闹。

　　听墙上钟声"嘀嗒"地响，仿佛是对贞子的召唤，大有一种贞子即将出没的感觉。小丁无事可干，无处可去，心里害怕，想拿出手机跟朋友聊天，结果发现手机也没电了……

没电的夜里，拿什么拯救你我的姑娘

⚡ 新闻直击

美加大停电

　　全世界最大的一次停电事故，让成千上万的纽约人扮演了一种平日无法想象的角色……2003 年 8 月 14 日 16 时 11 分，美国与加拿大相邻的一个变电站发生了事故，酿成北美历史上最为严重的大停电事故。从这个时刻开始，美国这个大都市一切用电力来发动的东西，全部都宣告休克。光明变成黑暗，运动变成僵死，声音变成寂静。停电波及 9300 平方英里，5000 万人饱受断电之苦，50 多万人被困在地铁的车厢里，数以万计的人被困在摩天楼里，成千上万的人涌上街头，马路上没有了红绿灯，交通秩序十分混乱，看上去像是一场由于参加人数太多而挤来挤去的"倾城马拉松"，300 亿美元灰飞烟灭。

⚡ 知识链接

一、什么是电 >>>

　　简言之，电是电子在导体内流动所产生的力量。在自然状态下，电不容易显现出来，具有无形、无色、无味、不可储藏的特性。只能触碰来感觉，或靠电的特殊效应，如光、热等来察觉到电的存在。

二、电的产生 >>>

　　人们日常生活中所用的电能属于"二次能源"，大部分靠火力、水力、核能、风力、太阳能、沼气等能源带动发电机产生。随着科学的进步，人类已

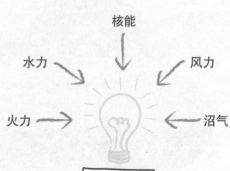

研发出磁流体发电、潮汐发电、海洋温差发电、波浪发电、地热发电、生物质能发电等多种发电方式。利用可再生资源及清洁能源发电，是未来电厂发展的方向。不过目前，大规模发电仍以火力发电、水力发电和核能发电为主。

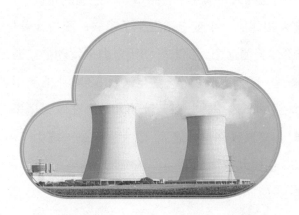

火力发电

利用燃烧煤炭、石油、液化天然气等燃料产生的热能，使锅炉水管中的水受热成为高温高压的蒸汽，并推动汽轮机转动，进而带动发电机发电。

水力发电

通过筑坝，将位于高处的水向低处流动时的位能转换为动能，推动装设在水道低处的水轮机转动，从而带动与水轮机相连的发电机转动，并最终通过发电机，将机械能转换为电能。

核能发电

利用核聚变或核裂变反应释放的能量，使反应堆装置中的水加热产生蒸汽，利用蒸汽推动汽轮机转动，从而带动发电机转动产生电能。

风力发电

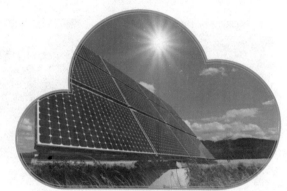

太阳能发电

三、电力系统 >>>

为充分利用动力资源、减少燃料运输、降低发电成本，电厂的设置需因地制宜。但要将各个电厂的电变为生活用电或工业用电，须由各级电压的电力线路将发电厂、变电所和电力用户联系起来。这个由发电、输电、变电、配电、用电等环节共同组成的电能生产与消费的系统，就是电力系统。

减少
燃料运输

降低
发电成本

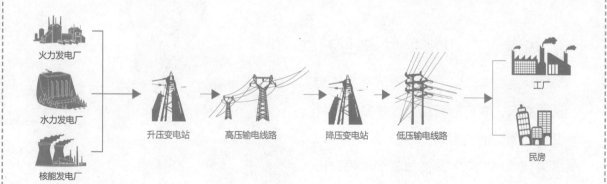

输电，即电能的传输。输电系统的电压一般可分为三个等级：高压（35～220kV）、超高压（330～750kV）和特高压（1000kV及以上）。

配电，指需要消费电能的地区先接受输电网受端的电力，然后进行再分配，将电能输送到城市、郊区、乡镇和农村，并进一步分配和供给工业、农业、商业、居民及特殊需要的用电部门的过程。

通过变压器，将配电网上的电压进一步降低到380V线电压的三相电或220V相电压的单相电，然后经过用电设备将电能转换为其他形式的能量，这个过程就是用电。

| 输电 | 配电 | 用电 |

⚡ 鲁师傅实验室

你知道怎么用水果发电么？

水果和电，似乎是两样风马牛不相及的东西，它们却可以通过一些小小的发电装置，神奇地联系到一起。那么，水果该如何发电？又能发多少电呢？让鲁师傅来告诉你。

实验工具

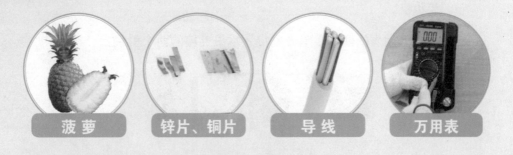

| 菠萝 | 锌片、铜片 | 导线 | 万用表 |

实验演示

1. 将菠萝切开。

2. 每个菠萝分别插入锌片和铜片。

3. 用串联的方式将导线与水果上的铜片、锌片相连，同时铜片为正级，锌片为负极。

4. 将万用表的两个表笔分别接入水果连接的两个引线上。

观察实验结果

观察实验结果，发现电压表上显示出 1.8V。

鲁师傅板书

　　菠萝不光是营养丰富的美食，还是神通广大的发电原材料。它的酸性物质和锌、铜接触后会发生化学反应，从而产生电能。经实验证明，水果发电的电压大小与水果的酸性有关，酸性越大，则产生电能的能力越强。当然啦，并非所有水果都能发电，想要发电，必须得像菠萝这样具有很强的酸性才行。

⚡ 鲁师傅提问

01 电的产生方式有哪几种?

02 我国的电网频率是多少?

03 简述电力系统的构成。

04 简单描述配电与用电过程的不同。

⚡ 知识小结

01 输电系统的电压等级一般分为高压(35～220kV)、超高压(330～750kV)和特高压(1000kV 及以上)。

02 我国的电网频率为 50Hz。

03 大部分电能都靠火力、风力、水力等能源带动发电机产生,所以又称为"二次能源"。

04 电力系统是一个发电、输电、变电、配电和用电的整体。

⚡ 延伸阅读

你知道吗,绍兴电网也迎来了特高压的时代。

只要在"电工鲁师傅"公众号中,回复**"绍兴特高压"**就可以通过鲁师傅了解详情啦。

活动二：
电的学问还挺大

情景再现

    近年来，日本以其毗邻中国、汇率下降、签证便捷等优势，已逐渐成为国人出境游的热地。为能在日本畅游，衣物、洗漱用品、旅行手册、手机、相机等用品自然必不可少。但对国际电压略有所了解的小李突然想到一个问题："国内的电器，带到日本去也能正常充电么？"

    从日本回国时，小李贴心地为妈妈买了电熨斗和榨汁机。但在飞机上，他的脑海中突然又冒出了一个问题："日本的电器插头与国内的插座型号匹配么？这些电器在国内能正常使用么？"

我能不能去……

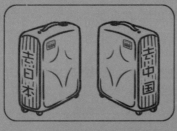

⚡ 鲁师傅提醒

　　国际上许多国家的电网供电电压、频率与我国的标准存在差异，比如日本的电网供电电压是110V，而我国的电网供电电压是220V。将只能承受110V电压的小电器直接插在220V的电网上使用，很容易损坏电器。不过，变压器可轻松搞定这一问题！现在的笔记本电脑、数码相机等器的充电器往往自带有变压器，只要电压在100～240V之间，都可自由使用。

　　但是，跨国购买电器时一定要睁大眼睛看仔细啦！如果电器插头样式与国内插座不匹配，又没有转换插头的话，那么恐怕再好的电器也只能束之高阁了。

⚡ 知识链接

一、交流电器与直流电器 》》

　　使用交流电（英文缩写：AC）的电器叫交流电器，使用直流电（英文缩写：DC）的电器叫直流电器。

　　日常生活中，空调、电视、冰箱等都使用交流电；而手机、电瓶车、电脑、手电筒等，则使用直流电。直流电电流与电压方向一致，有正、负极之分，使用时要注意正负极的区别。

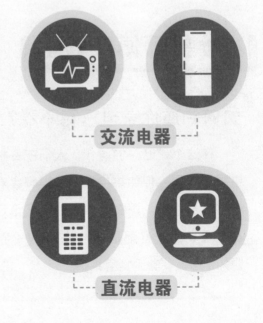

交流电器

直流电器

二、世界各国电压概况 >>

电压等级	室内交流电电压（V）	举例	好处
低压	100～130	美国、日本、瑞典、俄罗斯等国电压；船上使用的电压	高频低压相对安全
高压	220～240	中国（220V）、英国（230V）及大多数欧洲国家的室内电压	低频高压能源转换效率高

三、电压偏差允许值 >>

供电电压	允许偏差值占标称系统电压的比例
10KV 及以下三相供电电压	±5%
380V 供电电压	±7%
220V 单相供电电压	+7%；−10%

⚡ 鲁师傅实验室

如何知道你家电压稳不稳？

　　在这个"电"的时代，人们被各种电器所包围，但如果电压不稳，将会对电器造成伤害。那么，你家的电压稳定么？它真的一直都是标准的220V么？想知道答案，鲁师傅有绝招。

实验工具

万用表

插线板

实验演示

1. 如图所示，将红、黑表笔与数字万用表的插孔分别连接好。

2. 将数字万用表的量程切换到交流 500V 挡。

3. 将红、黑表笔插入接线插座。

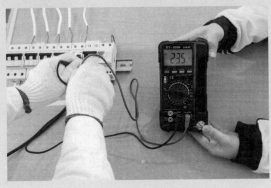

 观察实验结果
发现数字万用表屏幕上显示的数值在220V左右变动。

鲁师傅板书

" 虽然家庭电压并非想象中那样完全是220V,并一直保持不变,
不过也别担心。因为,据《电能质量供电电压偏差》规定,220V
单相供电电压偏差为标称电压的 +7% 到 -10%,也就是说,只要
家庭电压在 198～235V 之间浮动,那都是正常的,不会对电器
造成什么损害。 "

⚡ 鲁师傅提问

01 一般用电压偏差、电压波动、不对称度来衡量电压质量，请问电压波动、不对称度分别又称什么？

02 低压与高压怎样区分？

03 请简述直流电器与交流电器的区别。

04 在日常生活中收集一些电器电源插头，并说出它们的类别。

⚡ 知识小结

01 直流电器和交流电器的区别。

02 世界各地电压的大致状况。

03 各等级电压的偏差值。

⚡ 延伸阅读

世界各国电源插头标准各不相同，想不想见识其他国家的多样的插头呢？

想要了解低压与高压的区别，只要在"电工鲁师傅"公众号中，回复**"其间学问还挺大""低压与高压的区分"**就可以通过鲁师傅了解详情啦。

"

如何应对"电老虎"？

——惹不起，但躲得起。

如何看待电磁辐射？

——相信科学，用数据说话，

千万别被"假老虎"吓住！

"

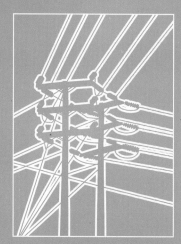

项目二

户外设备大揭秘

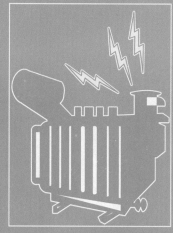

活动一：请远离它们

⚡ 情景再现

　　悠悠夏日，一个年轻人正在鱼塘边悠闲垂钓。这看似惬意无比的举动，却被刚好路过那里的两名供电公司工作人员制止了——为什么？这可不是脑筋急转弯，而是一个非常严肃的问题：因为此刻，年轻小伙的头顶正悬着10kV的高压线！可他竟对"高压危险　禁止垂钓"的警示牌视而不见！

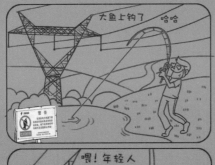

⚡ 新闻直击

会"飞"的电

2014年3月的一天，成都街头，一辆正在栽树的吊车因钢绳太靠近头顶的高压电线，致使一股强感应电流将两名工人击倒。幸亏及时送医抢救，两人终于安全脱险。事后，据其中一位当事人回忆，当时吊车司机正用钢丝绳吊起一株棕榈树，他和另一位同事则站在吊车下扶着捆树的钢丝绳。就在那时，空中突然"飞"来的电流一瞬间从手上传到身体，持续了大约1s之久。情急之下，他与同事用力互推对方，最终被双双弹开倒在地上……

空中传来的感应电流尚且如此强烈，如果碰到高压线将会有怎样的后果，可想而知！

⚡ 鲁师傅提醒

当高压线路和高压带电设备正常运行时，所带电压常常高达几千甚至几十万伏，它能击穿空气使附近人员伤亡。然而，随着钓鱼高峰期的到来，高压线下垂钓的行为却屡禁不止，触电致残乃至死亡的事故也时有发生。究其原因，主要因为人们的安全意识淡薄。绍兴全市共约有2197个涉线鱼塘，远离高压电这只"老虎"，才是安全之道。

⚡ 知识链接

一、电力设施附近严禁的行为 ⟫

燃放爆竹

礼花弹和花炮凌空能力强，爆炸震动力强，极易引发电线炸断、线路起火和短路，甚至引起更严重的事故，会对自身及他人的人身及财产安全构成很大威胁。

大棚种植

高压线下建大棚容易发生事故，毁电路，减少个人收入，影响社会生活，危害很大。大风来前，必须为大棚加装压膜绳、固定遮阳网，以免事故发生，创造双赢局面。

建 房

因改建新房或擅自加高、扩建房子，致使房屋"跑进"电力设施保护区内，将会影响电力设施安全运行，埋下安全隐患。

植树、砍树

在高压线下植树，或种树时树苗不慎碰到电力线路，或种植的树苗长大后会碰触到线路，都可能引发触电事故，或埋下安全隐患。在电力设备附近砍伐树木也应提前做好防范措施。

户外活动

户外踏青时放风筝、放气球等行为也应远离电力设备，摇拉电杆拉线、攀爬电杆和变压器台架等行为更要予以禁止。

二、安全距离

面对不同电压等级的高压带电线路，人们所必须保持的最小安全距离							
最小 安全距离 （m）　　电压 （kV）	<1	10	35	110	220	330	500
沿垂直方向	1.5	3.0	4.0	5.0	6.0	7.0	8.5
沿水平方向	1.5	2.0	3.5	4.0	6.0	7.0	8.5

不同电压导线两侧安全范围

5m 以外	10m 以外	15m 以外	20m 以外
1~10kV	35~100kV	110~330kV	500kV

⚡ 鲁师傅提醒

　　高压电周围电磁场强大，不一定要触碰才会触电。更要命的是，一旦触电或引发安全事故，不仅会危及自身安全及家庭幸福，还可能因损害电力设施承担法律责任。因此，请爱护公物，珍爱生命，在户外活动或作业时尽量远离带电高压与相关电力设备！

⚡ 鲁师傅实验室

如何判断电力设备的电压高低?

　　在城市或郊外，当人们抬头看天，除了蓝天、白云，还有一道亮丽的风景线——无处不在的高压。为自身安全，须远离高压，不过如何判断高压到底有多高呢? 让鲁师傅来告诉你吧。

实验工具

铁塔标志牌

铁塔、高压线相
关的图像资料

实验演示

1. 仔细观察图片中的高压铁塔间的区别。

2. 根据观察，说出图片中输电线路的对应电压。

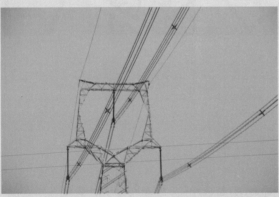

3. 通过铁塔标志牌，了解与电压有关的相关信息。

鲁师傅板书

> 　　判断高压电线的电压高低有"三看"：一看绝缘子——个数越多，电压越高；二看导线——条数越多，电压越高；三看铁塔标志牌、电力杆号牌——标识的数字越大，电压越高。

鲁师傅提问

01 电力设备附近需禁止哪些行为?

02 在什么电力设施附近禁止垂钓、放风筝?

知识小结

01 电力设施附近禁止燃放爆竹、垂钓、放风筝、建房、植树等危险行为。

02 不同电压等级的高压带电线路具有不同的安全距离。

延伸阅读

放风筝本来是一项娱乐,但竟然有人放风筝也会出事故来。到底是怎么回事呢? ……

只要在"电工鲁师傅"公众号中,回复**"警惕'电风筝'"**就可以通过鲁师傅了解详情。

活动二：
电力设备"电磁辐射"到底有多大

⚡ 情景再现

"离得这么近，辐射肯定很大吧？"

"命比钱重要，还是快搬家吧！"

某小区附近要新修一座变电站，本来是件小事，想不到竟然引起了一场轩然大波：一些居民找开发商抗议，如果小区附近修建变电站，则要求赔偿损失；一些居民找政府来调解，希望能将变电站修到别处；另一些居民则找来媒体大肆曝光，希望以此抵制在家门口修建变电站一事。

在人人都离不开电的现代社会，人们对"电磁辐射"却谈之色变。

⚡ 知识链接

一、什么是"电磁辐射" ≫

　　"电磁辐射"指的是能量以电磁波的形式由源发射到空间的现象，或指能量以电磁波形式在空间传播。自然界广泛存在着各种不同频率的电磁波。其中，极低频的电场和磁场在场源周围分别以"场"的形式存在；而高频电磁场所的基本特征则是能量以"电磁波"形式在空间传播。

二、变电站的"电磁辐射" ≫

　　输变电项目在其周围产生频率为 50Hz 的工频电场和工频磁场，它与高频电场在发射电磁波的能力上截然不同，从"电磁辐射"传递能量的角度出发，输变电项目不会在周围空间形成有效的能量辐射。因此，当前在权威国际导则和相关标准中，多采用"电磁感应"来表述输变电项目的电磁场，而不是"电磁辐射"。WHO 官方文件指出："极低频场与生物组织相互作用的唯一实际方式是在生物组织中感应电场和电流。然而，在通常遇到的极低频场暴露水平下，所感应的电流比我们体内自然存在的电流数值还低。"

三、高压线的"电磁辐射" ≫

　　近几十年来，由国际大电网发布的大量科学证据表明，在 20kV/m 的电场强度之内，"电磁辐射"对人体健康无害。我国采用的是国际上最严格的限值，即推荐以 4kV/m 作为居民区工频电场评价标准。央视记者随国家环保部、辐射环境监测技术中心工作人员在 220kV 高压线路正下方的测量调查结果为 488.8V/m，650.7nT（纳特斯拉），即等于 0.65μT（微特斯拉）。调查显示所测的数值远远低于国家规定的限值。

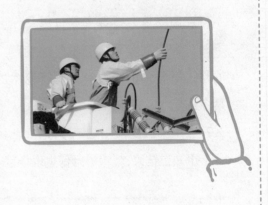

四、人为的电磁污染来源 »

人为的电磁污染，主要有三大来源：

如切断大电流电路时产生的火花放电，会产生强烈电磁干扰，影响区域小。

脉冲放电

如大功率电机、变压器及输电线等附近的电磁场，会产生电磁干扰，但不会以电磁波形式向外辐射。

工频交变电磁场

无线电广播、电视、微波通信等各种射频设备的辐射，频率范围宽广，影响区域较大，是电磁污染的主要因素。

射频"电磁辐射"

⚡ 鲁师傅实验室

雨天带伞经过高压线下会触电吗?

江南雨季，打着伞经过高悬在空中的高压线下时，会听到伞顶"嗞嗞"的响声。更令人担忧的是，举着伞的手会有一阵阵麻木的感觉。这不禁令人害怕：下雨天，应该带伞从高压线下经过么？会不会因此发生触电事故？

想知道结果，就跟鲁师傅去现场冒一把"险"吧！

实验工具

雨 伞

万用表

实验演示

1. 带着雨伞和万用表，来到具有高压线路的街道。

2. 打着伞站在高压线路之下，一边用万能表感应电压，一边记录电压数值。

85.8V

95.1V

🔍 **观察实验结果**
电压数值在安全电压范围内，这场"冒险"有惊无险。

鲁师傅板书

　　雨天打着伞从高压线路下经过时产生的响声、火花和手的轻微"触电"，其实是高压放电现象，这在空气相对潮湿的南方比较常见。当空气湿度和空气中的自由电离子团较高时，空气的绝缘系数下降，高压输电线路会产生放电现象，一般不会对日常生活的安全构成影响。📖

鲁师傅提问

01 在输电线和变电站中，使用 50Hz 或 60Hz 工频的电力设备产生什么样的电磁场？

02 我国采用的是怎样的工频电场评价标准？

知识小结

01 "电磁辐射"一般指 1×10^5 Hz 以上的高频电磁波在空间传播的现象。

02 变电站几乎不会辐射电磁波。

03 高压线的"电磁辐射"不会影响到居民的健康生活。

04 只要工频电场强度控制在 20kV/m 的范围内，则无需担心变电站的"电磁辐射"。

延伸阅读

人们会因小区附近修建变电站、高压塔而惶恐不安，却对手机、吹风机、电动刮胡刀等日用工具的辐射浑然不觉，到底谁的危害更大呢？

想进一步了解"电磁辐射"吗？

只要在"电工鲁师傅"公众号中，回复**"谁的辐射更厉害""电磁辐射"**就可以通过鲁师傅了解详情啦。

"

四周天不亮，必定有风浪。

空中鱼鳞天，不雨也风颠。

太阳照黄光，明日风雨狂。

无风起横浪，三天台风降。

"

项目三

突发天气面对面

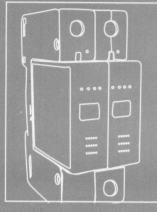
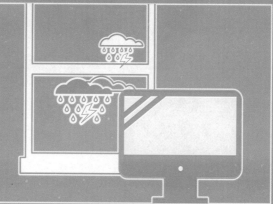

活动一：
台风天气的防护

情景再现

　　浙江是台风天气多发地。夏秋季节，当台风来袭，苍南县的霞关镇、台州的石塘镇、坎门镇，宁波的象山石浦镇等临海、且在地理位置上由陆地微凸向海面的地区，首当其冲成了强台风登陆之地。由于台风这位"老朋友"常常不请自来，且脾气乖戾，总是突然降临，摸准台风禀性，提前做好防备就变得十分重要。

⚡ 知识链接

一、台风前的安全预防措施 >>>

关注气象预报

气象台会根据预测的台风影响，采用"消息""警报""紧急警报"三种形式向社会发布预报。

远离危险区

强风有可能吹倒建筑物、高空设施，请远离这些潜在危险区。

消除潜在危险

为防止高空物品被台风吹落，应及时搬移屋顶、窗口、阳台处的花盆、悬吊物等。

检查漏电保护器

在台风来临前对漏电保护器进行试跳，确保其能正确工作。

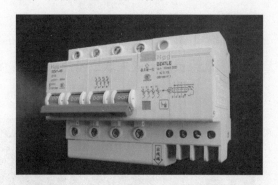

做好应急准备

减少户外活动，关好门窗，提前做好防水、防潮及应对突发停电的措施，可以准备好手电筒、应急灯、蜡烛等应急照明器材。

二、台风过后的安全指南 》

远离故障电力设施

台风过后难免出现电线断线、落地，电杆倾斜、倒地，树枝倒压线路，线路、变压器放电，供电设施被水浸泡等情况。如果有抢修人员抢修，请勿靠近、围观；如果未有抢修人员，请及时拨打电力抢修服务热线——95598。

停电时切勿私自接电

台风过后，由于各小区所接电力线路不同、线路受损情况不同，恢复供电的时间也会不同。因电力设备损害情况错综复杂，当自己所在小区暂未来电时，请勿急躁，不得私自接线用电。在电力设备附近砍伐树木也应提前做好防范措施。

不幸触电应急

发现人员触电应采取三步急救措施：迅速切断电源；现场急救；及时送医。

🗲 鲁师傅提问

01 台风天气里，如果家中不慎浸水，首先要把开关或熔丝拉掉，具体应该怎么做？

02 由轻到重，气象台的台风预警信号分为哪几种颜色？

03 台风来临之前，需注意什么？

04 台风过后，在安全用电方面有哪些注意事项？

🗲 知识小结

01 台风来临前后的应对措施。

02 应对突然停电的措施。

03 台风期间安全用电的防护措施。

🗲 延伸阅读

关注并回复

你是否想过，如果台风过后的城市一片汪洋，家里断水断电，此时夜幕降临，身处孤岛的你该如何度过又饥又渴的漫漫长夜？……

只要在"电工鲁师傅"公众号中，回复**"如何备战台风"**就可以通过鲁师傅了解详情啦。

活动二：
雷雨天的对策

⚡ 情景再现

　　南非位于非洲南端，风景迷人，素有"彩虹之国"的美誉。然而，不期而至的雷电却使这里变成了恐怖的死亡之地。尤其在雷电多发的姆普马兰加省，曾发生过29头奶牛同时丧命于雷电袭击，14名在帐篷中睡觉的工人一起被电击身亡的事件。然而不幸还在延续：2015年3月，正值秋季的姆普马兰加省一名中学生在校园里遭受雷击，浑身被烧成焦炭。而就在此事发生的次日，布隆方丹附近又发生了一起更为严重的雷击事件，6名躲在建筑下避雨的建筑工人不幸被电击身亡，另有5人不同程度地受伤。雷电就像死神的魔爪，令人胆战心惊。

⚡ 知识链接

一、室内如何防雷 》》

　　雷雨天，并非室内就一定安全，感应雷会通过供电线、电话线、有线电视或无线电视天线的馈线、住房的外墙或柱子这四大途径入侵。要防止感应雷入侵，应当采取如下措施：

这是雷雨天保证家电不被雷击的最有效、最根本的措施。

切断电源

外部防雷和内部防雷都要做充分。

安装避雷器

防止感应雷通过外墙及柱子入侵，损坏家电。

家电尽量远离外墙窗口

关好门窗，切勿靠近、触摸金属管线。

雷电日关好门窗

二、雷雨天"八不宜" 》》》

01 不宜躲避在临时性棚屋、岗亭等无防雷设施的低矮建筑物内。

02 不宜躲在树下；应与树保持2倍树高的安全距离，并且做出下蹲向前弯曲的姿势。

03 不宜高举雨伞等带有金属的物体——否则你就成为"避雷针"了。

04 不宜进行带金属的设备和通信、通电线路的安装。

05 不宜在水面或水陆交界处、高空及空旷的田野作业；应迅速离开湖泊、水田等。

06 不宜进行户外活动，如在旷野中奔跑等。

07 不宜停留在建筑物的楼面、屋顶、山顶、山脊；应在低洼地带双脚并拢蹲下、或坐下，注意手臂不要接触地面。

08 不宜使用移动电话等户外通信工具。

⚡ 鲁师傅提醒

为什么打雷时，有时候电灯会突然暗一下？

原来，这是避雷设施在起作用。除那些看得见的避雷装置外，输电线路里还设有自动重合闸装置，它能确保在发生严重雷击瞬时故障后于极短的时间内恢复供电。

⚡ 鲁师傅实验室

你家电气设备接地了么？

要防止遭受雷击，电气设备都要进行防雷接地，地线就是避雷线。那么，你家的电气设备接地了么？接得好不好？又该如何检查呢？让鲁师傅娓娓道来。

实验工具

测电笔

插线板

万用表

实验演示

1. 用测电笔和万用表分别测试现场的两孔插座和三孔插座。

2. 通过万用表，判断并指出三孔插座的火线、零线、地线。

（1）选择量程：将万用表量程调到交流 500V 挡，或其他大于 220V 挡。

（2）将万用表的一支表笔接地，用另一支表笔分别去测火线、零线、地线。测量时一定不要打错挡位或将表笔插错孔，并切忌用手触摸表笔的金属部分。

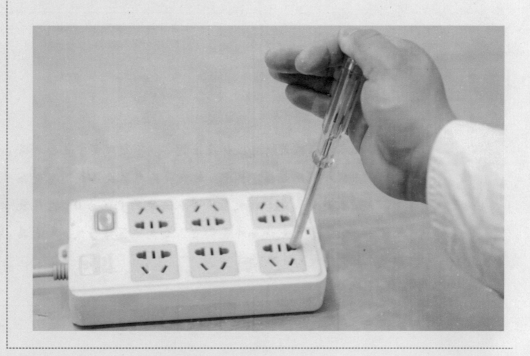

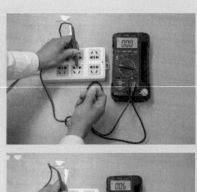

 观察实验结果

万用表测得的电压在 190 ～ 230V 左右的是火线；电压为几十伏左右的是零线；电压只有几伏或为零的是地线。

鲁师傅板书

　　理论上，零线跟大地电压都应接近零。不过现实中也会测得几伏到几十伏的电压数据。其中，地线是将电器设备或用电设备外壳与大地相连的线路。接地后，那么大地的电位为 0，这样就可以把电器设备或用电设备外壳的电位和大地保持一致，降低漏电后发生触电事故的概率。

鲁师傅提问

01 保证家电不被雷击最有效、最根本的措施是什么?

02 感应雷入侵主要有哪些途径?

03 雷雨天,户外哪些地方易遭雷击?

知识小结

01 雷雨天对电器的影响。

02 雷雨天的注意事项。

03 雷雨天该如何保护自己。

04 室内防雷电措施:切断电源、安装避雷器、家电尽量远离外墙窗口。

延伸阅读

关注并回复

　　防雷有招。在没有避雷针、避雷器的情况下如何防雷呢?这恐怕要向古人学习一下这方面的智慧啦……

　　只要在"电工鲁师傅"公众号中,回复**"古人防雷妙法"**就可以通过鲁师傅了解详情啦。

活动三：
警惕水灾过后的"电灾"

⚡ 情景再现

　　秋日，一场大雨淹没了常平镇元江元村的道路。凌晨时分，三名男子在路上涉水行走，突然其中一人在经过漏电的路灯时不幸遭到电击，倒在水中浑身抽搐，另外两名男子见状立即停止了脚步，从脚边不断传来的微弱电击让他们感觉事态不妙，于是急忙打电话报警求助，终于在被困多时后经消防员救出。然而当救护车赶来时，倒在水中的触电者已奄奄一息，最终抢救无效，不幸身亡。

⚡ 知识链接

一、水灾后家庭用电注意事项 ≫

　　家庭用电由漏电保护断路器、电线电缆、开关插座、接线板、终端电器等多个环节的低压配电系统来完成。

漏电保护断路器

电线电缆

开关插座

接线板

终端电器

二、水灾后的安全用电 ≫

　　水灾过后要确保安全用电，应分"七步走"：

01 浸水用电设备应送专业维修部门检测，确得绝缘合格才能使用。

02 检查漏电保护断路器，确保它能正常工作；用欧姆表检测线路，确保线路绝缘性能良好，然后才能送电。

03 合上总开关前，应先将所有电器从插座上拔下来，断开照明灯控制开关，确保总开关保险丝能正常工作。

04 确保插座、灯头清洁、干燥，如因浸水受损，应立即更换。

05 合上总开关后，等空线路运行一段时间后，再逐个打开照明灯开关，插上电器插头。

06 为确保安全，插电源插头时，应将手擦干，并站在绝缘物上。

07 插上插头后，应用验电笔检测电器外壳是否带电，如果带电，应立即拔下插头。

⚡ 鲁师傅提醒

　　洪水退去就安全了么？答案是否定的！洪水走了，却埋下了漏电、短路、燃气泄漏等"地雷"。用电时，为不踩到"地雷"，还是在用电前先请专业人员检查维修一下吧！

⚡ 鲁师傅实验室

照明线路绝缘摇测

　　被水浸过或受潮的电器、电路是否安全，要对其进行绝缘摇测才能知道。摇测，顾名思义就是摇着测量。不过,至于怎么摇、怎么测，还是让鲁师傅来告诉你吧。

实验工具

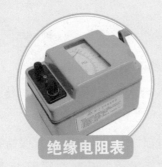
绝缘电阻表

水　杯

实验演示

1. 选择合适的绝缘电阻表，照明线路按其电压等级，绝缘摇测一般选用500V型绝缘电阻表。

2. 绝缘电阻表上有三个分别标有"接地"（E）、"线路"（L）、"保护环"（G）的端钮，将被测线路的两端分别接于"E"的"L"两个端钮上。

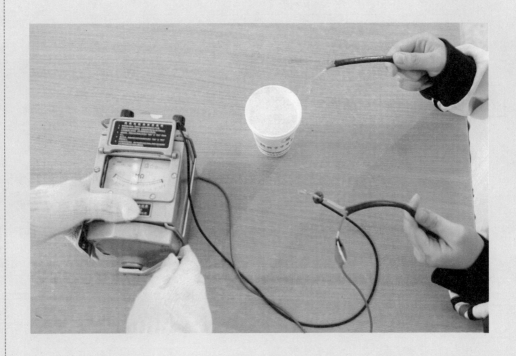

3. 对模拟线路进行摇测：

（1）先切断被测线路电源。

（2）拆开线路与设备的连接点，将使用线路分离。

（3）将被测线路的一端接地（放入带水的纸杯），另一端接入绝缘电阻表（如图）。

（4）两人一组，一人负责摇测，操作时，摇动速度应保持在 120r/min 左右，另一人负责及时读数并记录相关电阻数据，读数应采用 1 分钟之后的数据。

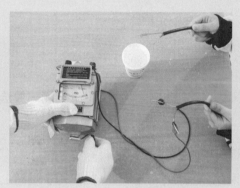 

鲁师傅板书

" 照明线路、家用电器等电气设备，只有当其绝缘材料的绝缘性能良好时才会正常运行。按现行国家标准，测量 1kV 及以下电压等级配电装置和馈电线路的绝缘电阻，其绝缘电阻值不应小于 0.5MΩ。"

⚡ 鲁师傅提问

01 所有浸水导线、插座、开关应如何确保使用安全?

02 总开关保险一定要装上什么?

03 插电源插头时,除了把手擦干,还应站在什么上进行,插上插头后,应该用什么检测电器外壳是否带电?

04 请结合自己的见闻,说一说水灾发生时应注意哪些用电安全事项。

⚡ 知识小结

水灾后,家庭用电一定要注意电器干燥、绝缘、保险丝合格等事项。

⚡ 延伸阅读

凶猛的水灾过后,往往后患无穷,除了漏电、漏气,还会造成饮用水污染、食品污染、毒虫繁衍、病菌广泛传播等问题。面对这些复杂的麻烦,到底该如何应对呢?……

只要在"电工鲁师傅"公众号中,回复**"水灾过后'十不要'"** 就可以通过鲁师傅了解详情啦。

家庭篇

"

若无某种大胆放肆的猜想，
一般是不可能有知识的进展的。

"

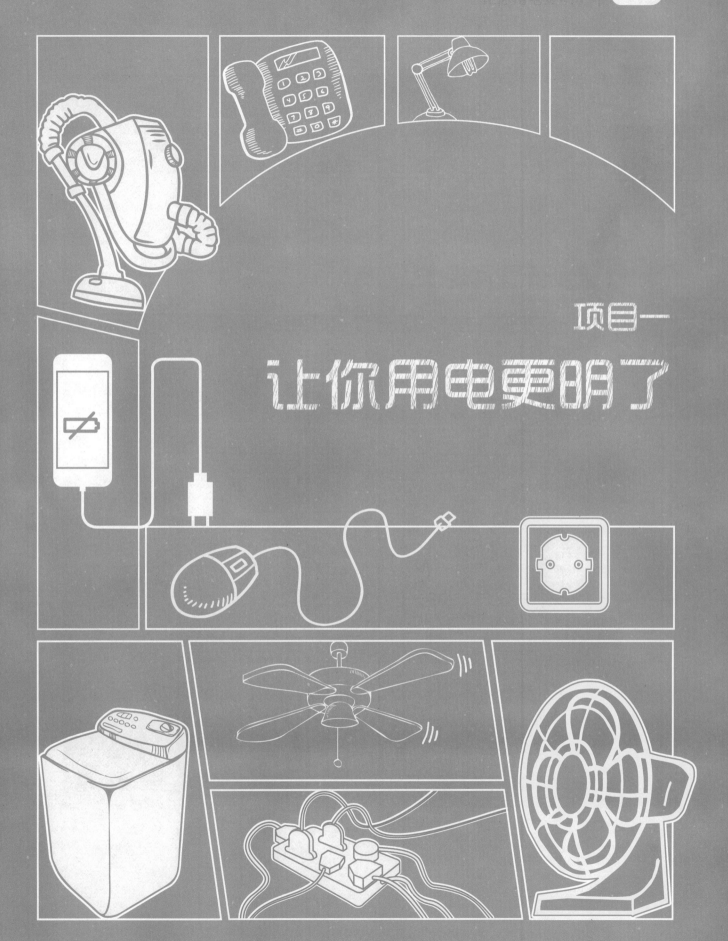

项目一

让你用电更明了

活动一：
智能电表零距离

⚡ 情景再现

　　某晚，小刘一家正围着餐桌吃饭，突然餐厅的灯灭了。小刘拿着手电，自己检查了一下家中的线路设备，发现完好无损。怎么回事呢？他拨通了95598电力客服热线，结果发现是拖欠了电费的原因。原来，电力公司早就以短信方式给小刘发送了电费账单，只是小刘太忙，一直没来得及去交费。小刘的母亲有些担心地问："可是大晚上的，大家都下班了，上哪儿交钱去啊？"小刘嘿嘿一笑，说："妈，现在已经是智能化时代了，咱家的电表也是智能电表。"说完，小刘很快通过手机支付宝钱包支付了电费。瞬间，餐厅又恢复了光明。

 知识链接

一、智能电表的性能优势 >>

　　智能电表作为新一代电能表，除了电能计量的基本功能外，还具有用电信息存储、远程采集、信息交互等功能。智能电表的性能优势具体如下：

表内数据可通过红外等通信方式传递到远方的信息采集系统，加强自动化程度。

数据通信

操作中，相关客户信息均经过有国家密码管理部门审查认可的安全认证方式。

安全密钥

客户用电的结算数据能冻结、存储在表内，可在需要时实现追溯查询。

数据存储

电表运行时会自动检测关键的运行参数，保证自身功能正常发挥、运行。

状态自检

支持分布式电源并网需求，满足双向计量；适应国家阶梯电价政策管理的相关功能。

适应性强

二、智能电表的使用优点 >>

¥ 购电更方便

除传统的营业厅交费外，还可通过网上银行、充值卡等方式购买。

⊕ 用电更明白

客户可通过拨打 95598 客户服务热线或登录 95598 互动网站随时查询用电信息；免费短信提醒服务，会在电表内余额不足 30 元和 10 元时，分别给客户发送提醒短信。

♺ 生活更低碳

支持分时电价、阶梯电价等政策，可为分布式光伏发电等新能源接入提供双向计量收费，从而帮助客户合理选择用电方式，有效降低费用支出，培养良好的节电习惯。

⚡ 鲁师傅实验室

能让电表走得更慢吗？

如今这个电商时代，网络产品五花八门、无奇不有。近些年还出现了一种名为"电表慢转控制器"的偷电神器，号称能使电表走慢，大大迎合了一些人少花钱、多用电的占便宜心理。不过，这种偷电神器真的靠谱么？没有实践就没有发言权，还是跟鲁师傅来看一看吧！

实验工具

智能电表

实验演示

1922.31

第一周

打开样板房内电器，统计常规状态下一周内的耗电量，记录电表数值。

1922.31

第二周

将所谓的"电表慢转控制器"设备安装在样板房内，保证样板房的电器打开模式与上周相同，然后观察、统计在安装了偷电神器的情况下一周内的耗电量，记录电表数值。

 观察实验结果

两周记录的电表数值相当，"偷电神器"原来是骗人的！

鲁师傅板书

"

◎ 电能表走得快慢，由表内计量部分完成，然后将信号送到 CPU 整理，最后通过驱动显示器将数据显示出来。没有什么办法能让电表走得更慢。

◎ 当然，如果直接对电表动手脚（如图所示，将 1 跟 2 短接，3 跟 4 短接），使电表短路，不让电流经过电表，电表不会显示数据。但这属于违法行为，要承担法律后果！

"

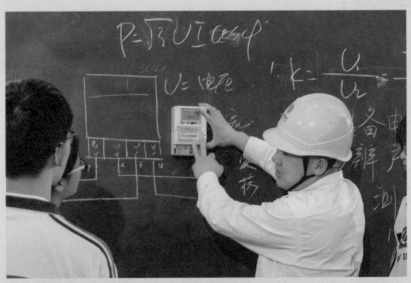

鲁师傅提问

01 智能电表除了信息交互功能外，还具有哪些功能？

02 根据阶梯电价跳挡提醒服务，居民在什么情况下可以收到短信提示？

03 智能电表在使用上具有哪些优点？

知识小结

01 目前国家在大力推广智能电表的安装，已覆盖整个国家电网公司。

02 智能电表与普通电表相比在性能上的优势。

03 智能电表在使用上的优点。

延伸阅读

　　古猿历经数千万年才进化为直立行走的能人，而从能人进化到现代智人，又耗费了上百万年的漫长时光。不过，搭上科技春风的抄表员，从一支圆珠笔到抄表器，再到鼠标键盘，却在十年内穿越了三个时代……

　　想要了解"偷电神器"吗？只要在"电工鲁师傅"公众号中，回复**"十年穿越三个时代""窃电"**就可以通过鲁师傅了解详情啦。

活动二：
优化家庭用电方案

⚡ 情景再现

"80平方米的房子，三个大人，一个宝宝，没多少家电，每月电费要四五百？"看着手机上收到的电费通知短信，主妇小李百思不得其解，"我家电器不比别人多，使用时间也不比别人更长，为什么电费却远远高于别人呢？"

想来想去，小李最终得出了两个结论：要么是线路出了什么问题；要么有人偷了我家的电！

直到后来小李请来了鲁师傅，她才恍然大悟——原来，偷电的不是别人，而是她自己。

⚡ 新闻直击

为何一样的用电，不一样的收费？

　　何大爷拿着一叠电费通知单非常苦恼地告诉记者，作为同住一个小区的居民，他们家的电费却高于其他人。随后记者了解到该小区里何大爷的房子属于商铺性质，因此应按商业用电电价计费，而楼上属于民宅，则按普通居民用电电价计费。

　　物业公司负责人杨先生表示，业主有权将商用电改为民用电。可以先去供电公司营业厅提出申请，通过申请且经供电公司工作人员现场核查情况属实后，即可安装居民生活类电表。这样，商用电即可改为民用电。

申请民用电

⚡ 鲁师傅提醒

　　用电多少，不仅取决于电器使用时长与频率，也与用电习惯紧密相关。电脑、电视等家电关闭后不拔出电源会造成微量电耗，日积月累也是不小的浪费。再则，在实行阶梯电价、分时电价的情况下，若不节约用电，或多在单价较高的高峰时段用电，都将导致电费偏高。

⚡ 知识链接

一、电价分类 》》

电价可分为：照明电价、非工业电价、普通工业电价、大工业电价、农业生产电价、趸售电价、省市自治州电网间互供电价、其他电价等不同类别。

各类电价的定义与范畴：

居民生活用电，及校内门店、校企除外的教学和学生生活用电的电价。

居民照明电价

各类机关团体、工业企业办公、车间用电及非经营性公共设施用电的电价。

非居民照明用电电价

从事商业交换，或提供商业性、金融性、服务性有偿服务所耗的电价。

商业用电电价

二、基金及附加费 》》

收取的电费除了所使用的费用外，还包含农网还贷基金、公共事业附加费、水库移民后期扶持资金和可再生能源电价附加费等费用。

三、阶梯电价 》》

阶梯式电价，即阶梯式递增电价或阶梯式累进电价的简称，是指把户均用电量设置为若干个阶梯分段，或进行分档定价计算费用的一种电价收费方式。

阶梯式电价的三个阶梯

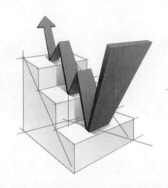

01 耗电巨大，电价更高

02 使用电量较大，超出基数电量，电价较高

03 使用电量在基数电量内，电价较低

阶梯	用电量 kW·h（度）	电价（元/kW·h）		
		电度电价	峰电价	谷电价
第一阶梯	≤ 50	0.538	0.568	0.288
第二阶梯	51 ~ 200	0.568	0.598	0.318
第三阶梯	>200	0.638	0.668	0.388

浙江省电网居民生活用电价格表

单位：元/kW·h

阶梯	电压等级分时电价		电度电价	分时电价	
				高峰电价	低谷电价
居民生活用电	不满1 kV "一户一表" 居民用户	年用电 2760 kW·h 及以下部分	0.538	0.568	0.288
		年用电 2761 ~ 4800 kW·h 部分	0.588	0.618	0.338
		年用电 4801 kW·h 及以上部分	0.838	0.868	0.588
	不满 1 kV 合表用户		0.558		
	1 ~ 10 kV 及以上合表用户		0.538		
	农村 1 ~ 10kV		0.508		

注：1. 分时电价时段划分：高峰时段 8:00 ~ 22:00，低谷时段 22:00 ~ 次日 8:00；2. 居民 1 ~ 10 kV "一户一表" 用户用电价格在不满 1 kV "一户一表" 居民用电价格基础上相应降低 2 分钱执行。

四、家庭如何节约用电 >>

念好节约"紧箍咒",从细节着手,时时处处节约用电。

工作、生活中尽量采用自然光,能不用灯就不用灯,不需用灯时及时关灯。

购买低能耗、高效率的节电电器,如节能灯、节能空调等,可在无形中节约不少电。

使用空调要控温,夏季不过低,将温度控制在26℃以上;冬季不过高,能驱寒即可。

⚡ 鲁师傅实验室

令人瞠目的潜在耗电

或许此刻,你仍认为只要电视关了、电脑关了、手机拔了,光是一个插头插在哪里,即使产生能耗也不会有多少——那么,你大大的错了!不要想当然以为"这是小事""这不费电",这些被许多人忽视的细节"吃电"的能力有多强,跟鲁师傅来做个实验就会真相大白。

实验工具

钳形电流表

实验演示

1. 在家中安装上智能电表，将家里所有电器关闭。

2. 分别开启电视、电热壶、空调、笔记本电脑等13种常用家电，使其处于待机、关机，或虽不使用、但插头连接着插座的状态。

3. 观察智能电表的变化，分别记录每次变化数值。

4. 将13种电器待机、关机时所耗的功率相加，计算得出结果。

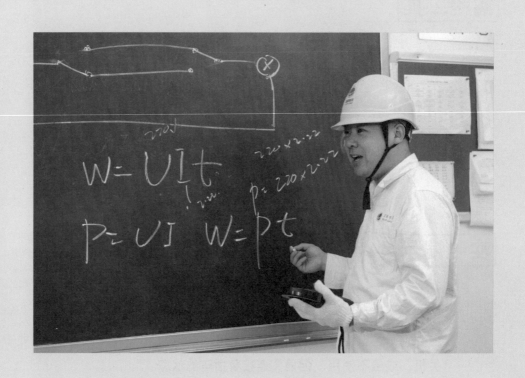

观察实验结果

 按实验中总功率以 0.06312kW 计算，如果 13 种常用家电一天 24h 保持待机、关机但插座连接电源的状态，一个月下来将耗电约 46kW·h，浪费电费 27.6 元。

鲁师傅板书

" 节约用电无小事。在日常生活中，一定要注意用电细节，养成关机、拔电源的良好习惯。 "

⚡ 鲁师傅提问

01 单（三）相居民用电的高峰时段和低谷时段分别是何时？

02 与学校教学和学生生活相关的用电及居民生活用电，执行什么电价？

03 为节约用电，夏季空调温度应保持在多少摄氏度以上？

04 请问什么是阶梯电价？它具体有哪些内容？

05 家庭节电要注意什么？请结合实际，为自己家制订一套节电方案。

⚡ 知识小结

01 电价的分类。

02 电价的定义与范畴。

03 阶梯电价的具体内容。

04 节约用电的小窍门。

⚡ 延伸阅读

　　最近，国网绍兴电力精心编制了一份《居民家庭科学用电建议书》，薄薄一份建议书，却蕴藏着家庭科学用电的大秘密……

　　只要在"电工鲁师傅"公众号中，回复"**《居民家庭科学用电建议书》**"就可以通过鲁师傅了解详情啦。

"

科学到了最后阶段，
便遇上了想象。

"

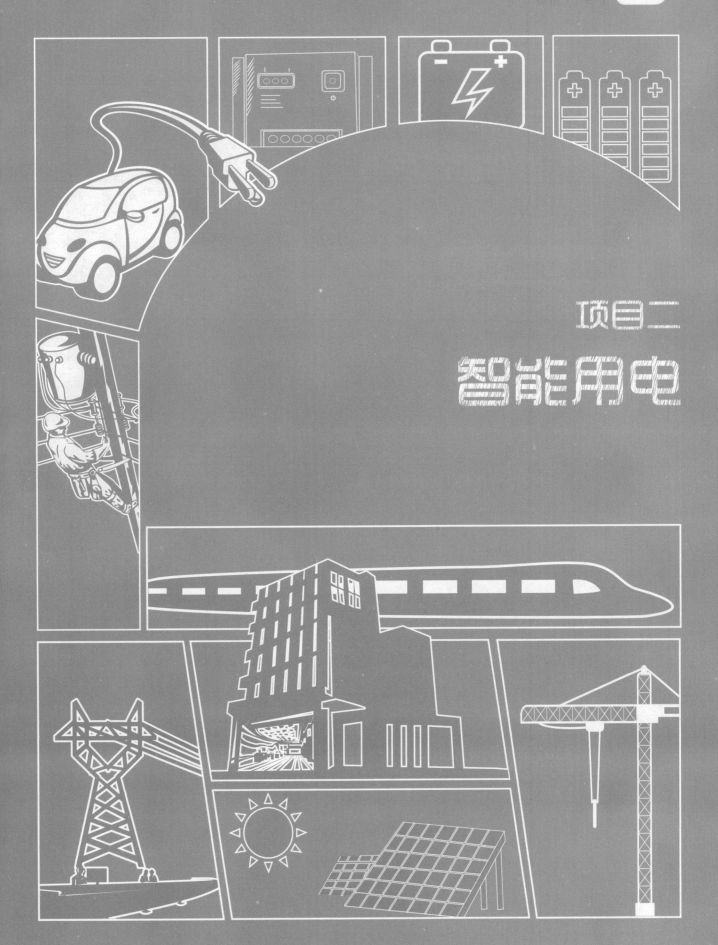

项目二

智能用电

活动一：
当智能家居遇上无线充电

⚡ 情景再现

　　阳光很好。坐在摇椅上点燃一根雪茄，翻看一本时下最流行的杂志，是非常惬意的生活。不过，当 S 先生离开座位，关上门离开房间时，他忽略了一点：此刻，雪茄灰正落在名贵的波斯地毯上，发出微红的火光。S 先生走后，地毯上那一小点星星之火燃烧起来，呛人的浓烟在屋子里飘绕。这时，突然，天花板上的烟雾探测器红灯闪烁，一边发出警报，一边迅速启动了报警装置。通过互联网设备得知事故信息的社区保安与消防人员飞快赶到事故现场……

　　当 S 先生携女友款款归来时，一场火灾在发展为大火之前已被消除。

　　"谢天谢地！"望着屋内家具一切完好，只是地毯被烧出了一个洞，S 先生由衷地庆幸道。

⚡ 鲁师傅提醒

　　随着科技发展，人们即将开启智能家居时代：智能报警，即时视频沟通，用手机控制家里的灯光、电视、空调、微波炉等所有电器设备，灯光可在"阅读模式""温馨模式"下随意转换，窗帘的开合也无须手动，回家途中只要按一下按钮，智能厨房就会贴心地做好可口的饭菜……智能家居系统可为未来家庭提供智能能源管理方案，除了可以远程操控，还会更节能环保。

⚡ 知识链接

一、什么是智能家居 ≫

　　智能家居指将家庭中各种通信设备、家用电器和家庭保安装置，通过传输技术连接到一个家居智能化系统上，以实现监视、控制等。

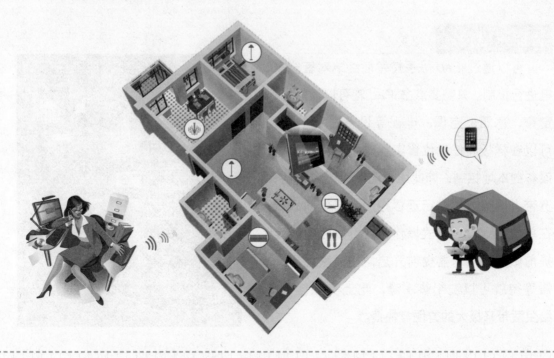

智能家居系统

智能安防模块

智能安防模块设置了驻家和外出模式，可以在外出的时候将模式更改为外出，一旦摄像头捕捉到陌生人靠近的时候，终端将第一时间接收到报警信号，这样可有效保证居民家庭的生活安全。同时当回到家中，输入驻家安防密码，就可以轻松撤销外出模式。

三网融合

所谓的三网融合，指的是将广播电视网、电信网和互联网三者的信号通过复合光纤敷设到户，来实现居民家中电视、电话和宽带的上网服务。

智能家电控制

可以通过 iPad 等手持智能终端对智能家电进行控制。只需要点击 iPad 就可以对灯光、窗帘、冰箱、空调、电视等设备进行控制。可以在样板间任意位置实现对所有智能家电设备的本地控制，除此之外还可以通过电话、宽带上网等方式进行远程控制。下班前只要在单位里远程一键式操作，就可以让电饭煲提前做饭，热水器提前开启，在回家之后无需等待就可以洗个热水澡，吃上美味佳肴，给生活带来极大的方便与快捷。

社区互动平台

系统平台实时发布网上的停电信息相关公告，提醒用户提前做好停电的准备工作。智能控制可以对居民家中水表、气表、电表的数据进行获取，为住户制订合理化用电计划提供建议，达到能效管理的目的。同时为住户提供公共、娱乐、服务信息，使用户在足不出户的情况下也能对周边信息全面掌控。

用电交互终端

便捷的家电控制功能的核心是智能交互终端。它通过先进的信息通信技术，以及与智能家电的深度融合，不仅能与数据智能家电进行实时的数据交互和控制，而且通过对智能家电数据的采集、分析和制定能效策略实现能效管理，指导用户合理用电。

风光互补电源

风能和太阳能都是清洁的可再生能源，但是发出的电量需要被及时消耗，因此备了一台储能设备，这样发电量就可供一个普通家庭的基本用电所需，多余电量用来对储能电源进行充电和向电网反送。在遇到停电等突发情况时，储能电源能够保证重要负荷的正常运行，从而大大提高供电的可靠性。

二、什么是电力宽带 >>

电力宽带，它可以充当计算机与网络间的通信"桥梁"。利用电力结传输数据和话音信号的通信方式——电力线上网（PLC）技术，无需重新布线，即可在现有电线上实现数据、语音和视频等多业务的运行，达到"四网合一"。终端用户只需插上电源插头，上网、看电视、打电话就统统可以实现。传统意义上的电力线成了用户上网的传输载体。

三、无线充电技术 >>

无线充电技术源于无线电力输送技术。无线充电，即感应充电、非接触式感应充电，是利用近场感应，由供电设备将能量传送至用电装置，该装置使用接收到的能量对电池进行充电，同时也供自身运作之用。由于充电器与用电装置之间不用电线连接，因此两者都可以做到无导电接点外露。

⚡ 鲁师傅实验室

如何进行无线充电？

为及时给耗电量特大的智能手机供电，如果你还在傻傻地每次出门都带一块大而重的充电宝，那么你太 OUT 了。因为，现在已经有了无线充电技术！还好，虽然这一技术已不是什么秘密，不过真正懂得使用它的人还不多。如果你想成为使用这项新技术的潮流引领者，那么，快跟鲁师傅来学一学吧。

实验工具

无线充电模块

实验演示

1. 根据手机类型，选择适合自己的无线充电模块（外置模块或内置模块）。

2. 外置模块的使用：

（1）将外置模块贴在离手机 Micro USB 接口较近的地方。

（2）将模块上的 Micro USB 或 Lightning 接口连接到手机上。

（3）将接收器用双面胶或其他方式粘贴在手机背面，注意不能让连接线的部分翘起。

（4）将手机放在无线充电底座上，就可实现无线充电。

3. 内置模块的使用：

（1）打开智能手机后盖。

（2）将无线充电接收器用双面胶粘贴在手机电池上，且应调整好位置，保证每个金属触点都连接到一起。

（3）盖好手机后盖，将手机放在无线充电底座上，即可实现无线充电。

鲁师傅板书

　　无线充电功能，由一对用来传输和接收电流的线圈组成的一个小磁场来完成。无论你使用的智能手机是 Android、iOS、Windows Phone 还是 BlackBerry 系统，都可手动实现无线充电。只要去市场上购买一块第三方无线充电模块，然后按照鲁师傅说的办法做就可以实现了。

🗲 鲁师傅提问

01 什么是无线充电？它还有别的名称吗？

02 请结合实际，说一说电力宽带的优缺点。

03 请根据你的了解，说一说你对智能家居的看法。

🗲 知识小结

01 智能家居是将家庭中各种与信息相关的通信设备、家用电器和家庭保安装置，连接到系统上，以实现监视、控制等功能的技术。

02 电力线上网（PLC）是指利用电力结传输数据和话音信号的一种通信方式，使家居更方便。

03 无线充电，是利用近场感应由供电设备（充电器）将能量传送至用电装置的技术。

🗲 延伸阅读

　　没有做不到，只有想不到。人类总在不断地追求更为便利、更为舒适的生活，而飞速发展的科学使这一切成为可能。当人类进入智能时代，许多人想象中的"天堂"或许便是那个样子……

　　只要在"电工鲁师傅"公众号中，回复**"智能时代来啦"**就可以通过鲁师傅了解详情啦。

活动二：
光伏发电，你也可以

⚡ 情景再现

用电不用掏钱还能赚钱？天下还有这等美事？

当然有！只要建立一个光伏发电站就可实现。不像修建水电站、火电站花费高昂，光伏发电站费用可控。浙江绍兴市一位名叫周汉军的居民就做了这一尝试，他以一定角度，在自家 18 楼楼顶南面整齐地摆放了 10 多块光伏板。这些蓝色多晶硅光伏板在阳光下熠熠生辉，在 12 个月内共发电 3000 kW·h，其中 444 kW·h 拿来自用，剩下的则卖给国家电网。这样利人又利己的好事，何乐而不为呢？

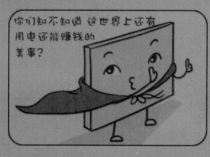

浙江242位居民"卖电"获利47万余元

近年来,浙江全省已累计受理并网申请的分布式光伏发电项目1142个,已并网运行项目934个。其中,家庭式光伏发电项目有442个,装机容量达2126.09 kW,已并网项目399个,装机容量1799.06 kW。截至2015年2月底,已有242位浙江居民拿到了卖电收入,共计约18.4万元,加上政府补贴28.9万元,累计达47.3万元。

⚡ 知识链接

一、什么是光伏发电 »

光伏发电,指根据光生伏特效应原理,利用太阳能电池将太阳光能直接转化为电能的一种发电方式。

二、光伏发电的应用 »

光伏发电产品主要应用于三个方面:

为无电场合提供电源,主要为广大无电地区的居民生活、生产提供电力。

为太阳能日用电子产品提供电源,如各类太阳能路灯、太阳能草坪灯等。

用来并网发电,这在发达国家已大面积推广、实施。

三、光伏发电系统 ≫

光伏发电系统最基本的组成部分，太阳光照射它时，它会吸收光能并将其转化为电能。

光伏电池组件

一个储能部件，主要用以储存产生的电能，在光线不足或夜黑时释放电能。

蓄电池组

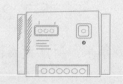

用以规定和控制蓄电池的充、放电条件，保证任何条件下都可输出最大功率。

太阳能控制器

用以将储存的电能由直流电变成交流电。

逆变器

通过控制功率元件的通断，将输出的低压变为高压，保证能输出稳定的高压直流电。

DC—DC 变换装置

鲁师傅提醒

利用太阳能进行光伏发电，在系统设计时也并非随心所欲，而应考虑到以下几大因素：

◎ 太阳光辐射强度与时长。

◎ 系统的负荷功率大小。

◎ 系统输出电压的大小，是直流电还是交流电？

◎ 系统每天需工作的时长。

◎ 在缺乏日照的阴天，系统可连续供电多久？

◎ 系统属纯电阻性、电容性还是电感性？启动电流有多大？

◎ 系统需求的数量。

鲁师傅提问

01 请说一说光伏发电系统的工作原理。

02 太阳能光伏发电系统有哪些组成部分？

03 联系实际，请说一说太阳能发电系统的设计需要考虑哪些因素？

知识小结

01 认识光伏发电系统及组成系统。

02 光伏发电的应用及优势。

活动三：
新能源汽车的战略取向

⚡ 情景再现

　　"哎呀，你小子干得不错啊，毕业两年就买这么好的车！"坐着大学室友的新车去参加毕业两周年的同学会，还在读研的鲁同学一路称赞不已。不想主人却唉声叹气地回答："你不开车不知道，这车买得起，可是油耗不起啊！"鲁同学最初不以为然，但听车主一番计算，一年下来光油钱就上万，还不算各种保养费，不由感叹在油价不断攀升的大城市，开车上班的成本有多高……

鲁师傅提醒

　　近年来，政府正在大力推广纯电动汽车，购买纯电动汽车无需排队申请牌照，购车还可享受政府补贴。且目前国家电网已建成 2.4 万个可为所有符合国标的电动汽车充电的充电桩，形成京沪、京港澳（北京—咸宁）、青银（青岛—石家庄）的"两纵一横"网络，续行里程 2900 kM，规模为世界之最。在未来，清洁、节能的电动汽车或将成为流行趋势。

知识链接

一、什么是纯电动汽车 >>>

　　电动汽车，共有纯电动汽车（BEV）、混合动力汽车（PHEV）、燃料电池汽车（FCEV）三大类型。其中，纯电动汽车是指以车载电源为动力，用电机驱动车轮行驶，符合道路交通、安全法规各项要求的车辆。由于对环境影响相对传统汽车较小，其前景被广泛看好。

工作原理

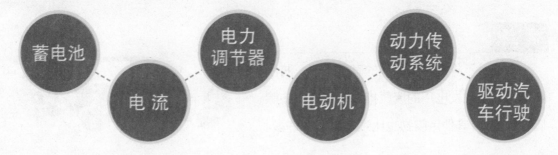

蓄电池 — 电流 — 电力调节器 — 电动机 — 动力传动系统 — 驱动汽车行驶

特殊结构

纯电动汽车由电动机驱动，相对燃油汽车而言，主要在驱动电机、调速控制器、动力电池、车载充电器四个部件上存在差异。

二、电动汽车与传统汽车的区别 >>>

传统燃油汽车由内燃机提供动力，动力从内燃机输出后送达飞轮和离合器，再进一步到传动系统，直至驱动车辆前进。

传统燃油汽车

电动汽车则使用电动机提供动力，电动机的能量来自于动力电池，且其本身特性使得驱动过程会有所简化。

电动汽车

三、纯电动汽车的优缺点 >>>

优 点

节能；不排放污染大气的有害尾气，将所耗电量转换成发电厂的废气排放，其废气中除硫和微粒外，其他污染物也比汽车尾气少许多。

缺 点

购买价格较高，蓄电池单位重量储存能量较少，电池较贵。

四、实操须知 >>>

个人申请安装充电桩

要开纯电动汽车需要有专门的充电桩，要安装充电桩又需要专门的停车位。如果车主拥有固定停车位，那么在提供车库产权证等合法证明后，可向营业厅申请安装充电桩。

车位选择

由于地下车位附近更易找到电源，容易将电引到对应车位，即使需要空中走线也不会妨碍他人，且地下车位行人相对较少，因此安装充电桩宜选择地下车位。

充电桩种类

充电桩有"壁挂"和"埋地"两种类型。

安全使用

为防止漏电事故，安装充电桩时尽量为其打造一个封闭空间，使得只有车主才能打开充电接口。

选择公用充电桩

目前尚未形成一个充电桩服务多个品牌电动汽车的能力，故购买车辆时，应注意其是否具有对应的公用充电桩。

换电模式

电动汽车的电池也像手机电池一样可以取下来充电，没电时还可到换电站换取满电的新电池。当然，天下没有免费的午餐，换电池跟加油一样，也是收费服务。

⚡ 鲁师傅提问

01 车主安装充电设施需具备哪些条件？

02 不同品牌的汽车充电桩可以通用吗？

03 传统汽车与电动汽车的动力系统有什么不同？分别叙述两者的动力系统。

04 请说一说电动汽车与传统汽车的区别。

05 实际使用电动汽车时有哪些注意事项?

⚡ 知识小结

01 纯电动汽车（BEV）是指以车载电源为动力，用电机驱动车轮行驶，符合道路交通、安全法规各项要求的车辆。

02 理解电动汽车的工作原理、种类、结构，了解它与传统汽车的区别。

03 了解电动汽车的优缺点。

04 掌握在实际使用电动汽车时的注意事项。

⚡ 延伸阅读

调查显示，汽车尾气是城市雾霾产生的主要原因。但电动汽车的出现，使生活在"厚德载雾""自强不吸"中的人们看到希望，可新的问题又来了：电动汽车存在一个严重的问题——"腿短"。

只要在"电工鲁师傅"公众号中，回复"'短腿'怎样才能长起来"就可以通过鲁师傅了解详情啦。

用电用火要预防，
失火漏电就遭殃。
停送电前想一想，
安全细节不要忘。

项目三

放心用电

活动一：
什么情况下·会发生手机触电事故

⚡ 情景再现

　　手机充电器个儿不大，威力却丝毫不逊色于其他大型充电器。国外就曾发生过一起手机充电器电死人的意外事故——一个粗心的家长在手机充满电后直接拿走了手机，却未及时将充电器从电源上拔下来。不久，家中一个小女孩受好奇心驱使，误将连接手机充电器的电源线含在了嘴里，而那时恰好没有大人在身边，女孩就这样不幸触电身亡。

⚡ 鲁师傅提醒

　　许多触电事故之所以发生，并非电本身有多可怕，而是人们太麻痹大意了。尤其当家中有儿童时，家长要格外注意安全用电。为防意外触电，应及时拔掉充电器、关掉电源，并将可能导致触电危险的东西放置在儿童触摸不到的地方。

⚡ 知识链接

一、手机触电五要素 ≫

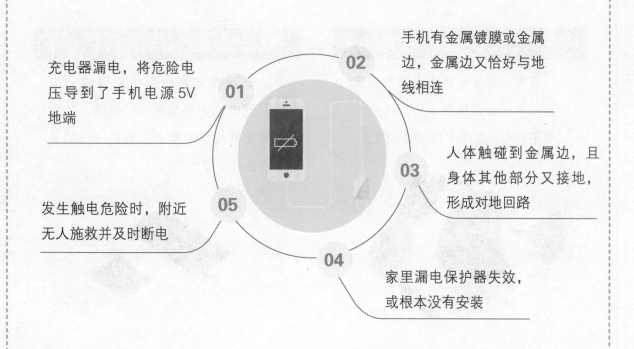

充电器漏电，将危险电压导到了手机电源 5V 地端

01

02 手机有金属镀膜或金属边，金属边又恰好与地线相连

03 人体触碰到金属边，且身体其他部分又接地，形成对地回路

04 家里漏电保护器失效，或根本没有安装

发生触电危险时，附近无人施救并及时断电 **05**

二、安全用电辟谣 >>>

充电时湿手打电话会触电吗?

　　一般情况下，符合3C标准的充电器都进行过潮湿实验，在93%潮湿度和高压下是安全的，能保证初、次级间的隔离，高压不会输出到手机端，因此充电时湿手打电话不会造成触电事故。

充电器长时插入插座会起火吗?

　　根据WD/T1591标准，充电器空载功耗电流不大于150mA，因此即使长时间插在插座上也不会产生安全问题，但这样会产生电耗，再考虑到儿童触碰电源存在的潜在危险，应及时拔除。

不同的手机充电器混用有危险吗?

　　目前，许多手机充电器都采用国际标准，多数情况下可以通用。只要不漏电，混用不存在安全隐患。

手机过度充电会爆炸吗?

　　电池在充满电后仍可继续充电7h，而电池本身具有保护电路，过度充电会损坏电池寿命，但在一般情况下不会产生爆炸危险。

三、移动电源 >>>

移动电源是利用现代科技设计的便携式储电设备，可在手机等数码产品缺电时为其提供电能。目前，市面上存在充电宝、无线充电器等移动电源设备，使得充电更为便利。

使用须知

◎ 移动电源有一定的输出电压范围。有的设备虽然有 USB 接口，同样也需要你用移动电源供电。使用中，你要注意你的设备的输入电压范围，普遍移动电源的电压输出范围是 5.0±0.5V。如果你的设备要求的输入电压范围不在移动电源的范围之内，那么，建议你不要使用移动电源为你的设备供电，以确保你的移动电源的使用寿命。

◎ USB 接头一定要匹配。因为各种 USB 数据线对应的设备有所不同。所以，为了正常地使用移动电源为您的设备供电，请使用匹配的 USB 数据接口。

◎ 移动电源的放置环境。各类电器都需要放置在干燥、空气湿度较小的环境下，而湿度大的环境对各类电器的保存都是不利的。所以，为了你的移动电源的使用寿命，请尽量把移动电源放置在干燥的环境下。

◎ 经常使用你的移动电源。每月都对移动电源充电和放电一次，经常使用，就能最大限度地提高移动电源的使用寿命。

◎ 防摔防震。移动电源其实是一个脆弱的部件，内部元器件经不起摔打。尤其要防止在使用过程中不小心落地。不要扔放、敲打或震动移动电源，粗暴地对待移动电源会毁坏内部电路板。

◎ 防冷防热。不要将移动电源放在温度过高的地方，高温会缩短电子器件的寿命，毁坏移动电源，使有些塑料部件变形或熔化；也不要将移动电源存放在过冷的地方，当移动电源在过冷的环境工作时，内部温度升高后，移动电源内会形成潮气，毁坏电路板。

◎ 防烈性化学制品。不要用烈性化学制品、清洗剂或强洗涤剂清洗移动电源，清除移动电源外观污渍可用棉花沾少量无水酒精擦洗。

鲁师傅提醒

如果手机电池存在问题，当电池内部发生短路、电解液气化等情况时，很可能导致手机爆炸。为了不让手机变成手雷，在使用手机的过程中，一旦发现电池一直充不满，或电池充了一会儿电就发烫，或平整的电池出现鼓包，应立即停止充电，并更换一块电池。因为上述现象表示原有电池很可能已受损，如果继续充电，很可能发生电池爆炸，后果不堪设想。

此外，电池污染不轻，一块电池会污染 $60m^3$ 的水资源。为了环保，请将废旧电池送到专业回收机构集中处理。

鲁师傅实验室

怎么识别山寨充电器？

通常情况下，手机充电时打电话是安全的，但如果遭遇山寨充电器，那么厄运就会找上门。美国南航空姐马·爱伦因使用来路不明的充电器，结果在使用正在充电的iPhone打电话时不幸触电身亡。这一血淋淋的教训让我们明白了假冒伪劣充电器有多可怕，但怎样才能识别它们，远离它们呢？别着急，鲁师傅有办法。

实验工具

导线　　红外测温仪　　劣质充电器　　手机

实验演示

1. 看一下充电器有无 "3C" 的标志。

2. 将充电器接入电源，同时为手机充电。

3. 用红外线测温仪测量充电时和充满电后的充电器的温度。

鲁师傅板书

　　山寨充电器之所以危险，是因为它容易发生输出短路，使得 USB 线输出较高电压，从而引发触电事故。在潮湿的环境下，如浴室中，线路短路更易发生。命重要，还是节约几十块钱重要呢？答案是不言而喻的。为了生命安全，还是小心为佳，选择经标准验证的正品充电器吧！

⚡ 鲁师傅提问

01 哪些因素可能导致手机触电？

02 说一说你对锂电池的看法。

03 移动电源在使用时有哪些注意事项？

04 想一想电池在安全使用上有哪些提示？

⚡ 知识小结

01 造成手机触电的五个要素。

02 对安全使用手机存在的几个误区。

03 手机爆炸的原因。

⚡ 延伸阅读

用手机接听电话、用手机导航、用手机购物……如今，手机已成为现代人随身携带的小秘书。可这个"秘书"有时似乎不太安全，时而漏电，时而爆炸，事故一多，人们就警惕起来：手机究竟为什么会爆炸？在什么情况下会爆炸？……

只要在"电工鲁师傅"公众号中，回复**"智能时代来啦"**就可以通过鲁师傅了解详情啦。

活动二：
生活中的习惯性错误用电

⚡ 情景再现

　　一只插着电的电热水壶正在烧水，当壶口冒出大量蒸汽时，却无人注意到连接它的电源线也已经烫得发软。如果再这样继续下去，那么很可能引发电源线烧坏，甚至引起火灾、造成触电事故。因为电线发烫正是"亚健康"电器设备向主人发出的无声信号——"主人，我已经超负荷工作啦，快让我歇一歇吧！"

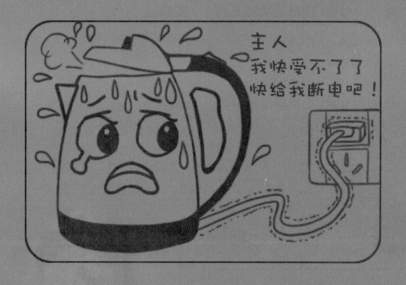

⚡ 鲁师傅提醒

　　在使用电器前应注意它的负荷功率，长时间超负荷使用电器设备，将损坏电器，还可能引发安全事故。

⚡ 知识链接

一、电器为什么会亚健康 >>>

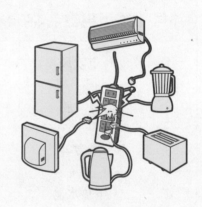

　　长时间超负荷使用电器设备，电器就会亚健康，甚至出故障。

　　电器设备的电源接头接触不良，也会损坏电器性能。

二、错误用电现象 >>>

01 对火线进开关认识不足，不遵循"火线进开关，地线进灯头"的安全法则。

02 对保险丝作用认识不足，当保险丝熔断时，私自用铜丝来代替。

03 对家用电器金属外壳接地认识不足，为了省事，将水管当做地线使用。

04 电线安装随意性大，私接乱接现象严重。

05 各类电器扎堆放置，且不符合规范使用。

06 站在潮湿的地面上移动带电物体，或用潮湿的抹布擦拭带电的家用电器。

07 湿手触摸电器、开关电器或开关。

08 拔除电器插头时直接拽拉电源线。

09 在电线上晾衣服，且与带电线路没有保持必要的安全距离。

10 家用电器超年龄使用。

11 超负荷使用家电、插线板等。

各类常用家用电器安全寿命参考表

序号	家用电器名称	寿命（年）	序号	家用电器名称	寿命（年）
1	电吹风	4	10	电视机	8～10
2	电脑	4	11	收录机	10
3	电熨斗	5	12	微波炉	10
4	电热水器	5	13	洗碗机	11
5	电饭锅	5	14	吸尘器	11
6	电热毯	5	15	电风扇	12
7	电暖炉	5	16	空调	12
8	电水壶	5	17	洗衣机	12
9	录像机	8～10	18	电冰箱	12

三、安全使用家电的方法 >>

功率较大的电器，最好不要同时开启，应适当错开使用时间。

当家里电器增多、电器的功率负荷超过电表容量时，一定要及时申请增容，避免电表超负荷工作。

在铺设线路时要合理选择导线截面积和导线种类，尽量留出余量、以备增容。大功率电器不要合走一股线，最好单独走线。

定期检查电线绝缘层是否老化、龟裂、脱落，如有上述情况，要及时更换线路，避免短路。

主线路和各分支线路都应安装相应保险、自动开关或漏电保护装置，以便及时切断电源，控制事故范围。

发现家电或线路起火时，应立即切断电源，再用干粉或气体灭火器灭火，不可直接泼水灭火，以防触电或引发电器爆炸。

四、简单的故障自查

　　家庭电路也跟公路一样并非随时畅通无阻，有时也会存在故障，如短路、断路、漏电等。对于一些简单故障，不必麻烦电力师傅，自己动手就可排除。在故障自查前，一定要关掉总闸，或断开低压断路器，确保不带电操作。在自查中，如果发现一连接用电器的熔丝熔断，很可能由短路或用电负荷过大所致。在查明短路原因、排除故障后，才可更换熔丝。切记：新熔丝要与原先的一样，千万不能比原来更粗或换用其他材料的金属丝。

鲁师傅实验室

如何自查电路故障？

　　如果家中熔丝总是烧断，每次都麻烦电力师傅也挺不好意思吧？不过不要紧，这不是什么难学的绝活，鲁师傅教你几招，你就可以自己动手，当一个能够故障自查的"家庭电路好医生"了。

低压电笔　　　　熔丝　　　　30A 瓷插铅

实验演示

1. 设置电路中设备超负荷运行的模拟状态，观察瓷插铅（又称熔断器）熔丝熔断的情况。

2. 设置模拟电路中熔丝与瓷插铅螺丝接触不良的状态，观察瓷插铅熔丝熔断的情况。

3. 设置模拟电路短路，观察瓷插铅熔丝熔断的情况。

 ### 观察实验结果

模拟电路在不同的故障模式下，瓷插铅熔丝熔断的情况也各不相同：

（1）如果设备超负荷引起的电路问题，会导致瓷插铅熔丝中间断开或瓷插铅发烫；

（2）如果熔丝与瓷插铅螺丝接触不良或瓷插铅与插座接触不良引起的电路问题，将引起瓷插铅熔丝两头断开，并且两头的螺丝发黑或瓷插铅发烫；

（3）如果因设备或线路短路引起的电路问题，则会导致瓷插铅熔丝全无。

鲁师傅板书

"　　熔断器又叫瓷插铅，串联在线路中，浑身都是优点，如结构简单、价格便宜、使用和维护方便、体积小巧等。但就是小小的它，承担着电路保护神的重要职责，它能在电路超负荷运行、发生短路等情况下，'舍身为人'，对电路和运行中的电器加以保护。"

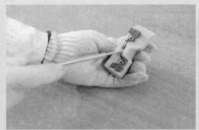

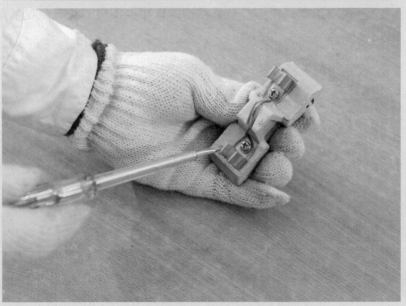

鲁师傅提问

01 造成电器发烫的原因有哪些？如果电器发烫，要怎么办？

02 生活中存在哪些错误的用电行为？

03 为什么铜丝不能用作熔丝？

知识小结

01 生活中的错误用电现象。

02 安全使用家电的方法。

03 家中电路故障的简单排查。

延伸阅读

关注并回复

买了车库就是要用的，可是没有电怎么办呢？能够按照自己需求随便拉一条电线吗？别着急，对此，95598 有话要说……

只要在"电工鲁师傅"公众号中，回复"**车库没有电怎么办**"就可以通过鲁师傅了解详情啦。

活动三：
24 小时防电警卫——"塔斯"

⚡ 情景再现

　　2014 年年底，做废品回收生意的陈老板从某电镀公司廉价购买了一堆废旧塑料。几天后，当他带着切割机跟妻子来到电镀公司的厂房内切割废旧塑料时，他瞬间被击倒在地。惊慌的妻子立即切断电源呼救，当救护车将触电的陈老板送到医院时，他已经气绝身亡。

　　经过相关部门对事故现场进行勘察、检测，发现导致陈某触电的因素并非单一：首先，他使用的接线板为单相二极插头，缺保护地线；其次，电镀公司配电箱内未安装漏电保护器；第三，拆卸现场遍地都是电镀废液，但死者却未佩戴绝缘器具——于是，一场惨剧就这样发生了。

⚡ 鲁师傅提醒

科幻大片《星际穿越》中呆萌、幽默的机器人"塔斯"能监控宇宙飞船的各项数据，为星际开拓者们保驾护航，令人印象深刻。其实在在日常生活中，我们身边也有这么一个"塔斯"，它虽然不及电影中的"塔斯"强大，却在居家生活中全天候保护着我们，预防着漏电、触电事故的发生——它的名字就叫"漏电保护器"。

⚡ 知识链接

一、什么是漏电保护器 >>>

漏电保护器简称"漏保"，学名叫"剩余电流动作保护器"。顾名思义，它监控的是剩余电流。而剩余电流，对于三相线路，是指通过剩余电流动作保护装置主回路（零序互感器）的电流瞬时值的矢量和，以其有效值表示；对于单相电路，则指该相的对地漏电电流。

二、漏电保护器工作原理 >>>

在正常情况下，经过漏电保护器电源的两根线的电流大小一致、方向相反，漏电保护器中原边线圈的磁通完全消失，副边线圈没有输出，漏电保护器不作业；但当设备发生漏电时，火线会产生电阻，漏电保护器通过联锁导致副边线圈有电流输出，并进一步导致原边线圈的触电吸合，从而达到瞬间断电、保护人身安全的目的。

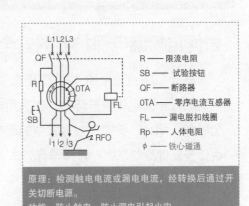

R —— 限流电阻
SB —— 试验按钮
QF —— 断路器
0TA —— 零序电流互感器
FL —— 漏电脱扣线圈
Rp —— 人体电阻
φ —— 铁心磁通

原理：检测触电电流或漏电电流，经转换后通过开关切断电源。
功能：防止触电、防止漏电引起火灾。

三、如何选择家用漏电保护器 》》》

1. 要符合国家技术标准

购买漏电保护器，一定要注意该产品是否有通过 GB6829—95《漏电电流动作保护器》规定的国家标准。

2. 查看产品技术性能指标

漏电保护器额定电压只有 220V 与 380V 两种，大多数家庭生活用电属于电力单相，所以电压为交流 220V/50Hz。

3. 注意额定电流的选择

漏电保护器的额定电流规格比较多，选购时要注意，交流电为 220V 的工作电压，用户可按照 1kW 负荷 5A 的电流计算出漏电保护器的额定电流。普通家庭一般选择 C40 或 C63。

4. 额定漏电动作电流和额定漏电动作时间

额定漏电保护器动作电流指的是保证漏电保护器不许动作的漏电电流，分三个等级，家用一般选择 30mA、0.1s 高敏度漏电保护器。

⚡ 鲁师傅实验室

如何自检漏电保护器的安全性能？

一天（24h）值勤的"塔斯"用久了也会老化、生病。万一漏电保护器坏了，家庭用电就没了安全保障。那么，要如何知道家中的漏电保护器是否处于亚健康状态呢？鲁师傅有办法。

实验工具

漏电保护器

实验演示

1. 压一下漏电保护器面板上的试验按钮，看在通电情况下能否自动跳开断电。

2. 观察实验结果：如果按试跳按钮后，漏电保护器没有跳闸，说明存在故障，需要调换；反之，则说明它状态良好，能够进行正常工作。

实验：接地试跳（该方法请在专业人士指导下进行）。

接一个临时灯泡装置，灯泡一端连接接地体，另一端接触一下漏电保护器的出线端。

 观察实验结果

接地试跳后，如果灯泡发光而漏电保护器没有动作，说明存在故障，需更换设备。

鲁师傅板书

> 许多人认为只要安装了漏电保护器就可高枕无忧了，从来不对它进行维护和检验。其实这样的想法和做法大错特错。漏电保护器并非万能神器，如果'带病'运行，家庭用电的安全就无法保障。因此，为了让漏电保护器成为真正的保护神'塔斯'，还应定期对其加以维护和检验。📖

⚡ 鲁师傅提醒

正确、标准的漏电保护器使用方法为：

每月至少按合按纽一次，以保证漏电保护器正常动作——断电，如果没有断电动作，应进行维修或更换。此外应注意，有的家用漏电保护器在动作后必须手动复位后才能送电。

另外，漏电保护器并非万无一失。如果人体在对地绝缘状态下触及了两根相线或一根相线与一根零线，漏电保护器就不会动作，仍然可能发生触电事故。

鲁师傅提问

01 什么是漏电保护器？它的工作原理是什么？

02 选购漏电保护器时，在规格上应该注意哪些问题？

知识小结

01 漏电保护器的定义。

02 漏电保护器的工作原理。

03 家用漏电保护器的选择和使用。

延伸阅读

关注并回复

　　除了漏电保护器，还有一种电路保护神器——空气开关。你或许会疑惑："既生瑜，何生亮？有了漏保，为什么还要空气开关呢？"其实，虽然都是保护器，但两者的功能却截然不同……

　　只要在"电工鲁师傅"公众号中，回复**"空气开关"**就可以通过鲁师傅了解详情啦。

活动四：
家装电路改造施工攻略

⚡ 情景再现

　　经过三个月忙碌的装修和焦急的等待，M 小姐终于要乔迁新居了。家具已全部买好，可是到家电进场时，M 小姐几乎有些不相信自己的眼睛："插座，客厅的插座呢？明明让电工师傅多装一些的，怎么一个也没有？"找了半天，原来它们都密集地躲在沙发后面。再来到房间一看："天呀！插座这么低，空调怎么够得着？！"最令她近乎于发狂的是，厨房这个她本想大展厨艺的地方，真正能用得上的竟然只有区区两个插座！

⚡ 鲁师傅提醒

　　电力改造是家庭装修非常重要的一个部分。在改造之前，应从实用的角度出发，对开关、插座的位置进行一个合理安排，如排风扇开关应设在马桶附近，马桶边可考虑安装防水插座，开关与插座不应设置在可能被家具挡住的位置等。此外，如无特殊要求，普通电源插座距地应在 30cm 以上，洗衣机专用插座最好装在距离地面 160cm 厘米的地方，并最好带指示灯和开关。

⚡ 知识链接

一、电路铺设误区 》》

　　为了美观，如今的电线一般都是暗线，即安装时藏在墙体内、地板下、天花板上，一旦铺好，将来很难修改。因此，为用电方便，在电线铺设前一定要做好规划，避免以下误区：

误区一：乱用劣质电线材料

　　电线有铝线、铜线之分，铝线导电性差，通电时易发热、引发火灾，因此忌用铝线，应选择铜线。此外，配线时要考虑不同规格的电线有不同的额定电流，避免"小马拉大车"，线路长期超负荷工作的隐患。

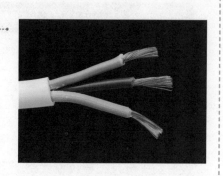

误区二：只有一个回路

只有一个回路的弊端是，只要任何线路短路，整个房子的用电就会陷入瘫痪。

误区三：以为改造材料费用很高

暗盒是房间内的电路、电话、电视的电线暗接的线盒，同时也是电路改造最隐蔽、最黑暗的利润点。一般家装需要的暗盒多数在五六十个以上，而一个暗盒市场上才卖一两块钱，但许多装修人员却向业主收取十几元钱。

误区四：为美观隐藏封闭总开关

总开关的线路难免有接头，被封闭后，一旦接头绝缘处理不好发生漏电，将会增加维修难度和成本。

误区五：电线分色不明确

我国电气行业有明文规定，红色为火线色标，蓝色、绿色或黑色为零线色标，黄绿彩线为地线色标。安装电线时色标若不分辨清楚，将会给维修带来极大麻烦。如果已安装的线路没有统一分色，建议在线路上另做标记，并在电路走向图上明确标记，以便日后查看。

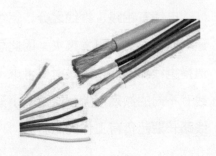

误区六：管弯处直接弯电管

　　为操作方便，许多人会选择在管弯处直接弯曲电管，这样做很容易造成线路损毁，导致漏电事故，给日后的使用带来麻烦。

误区七：电线不加套管直埋

　　电线铺设时，电线外必须有绝缘套管保护，并且接头不能裸露在外。在施工监理时，业主应监督好施工方是否按要求施工。如果电线已铺设好，建议重新整改，以确保家居用电安全。

⚡ 鲁师傅实验室

如何进行电路改造?

　　什么? 电路改造? 这么大的工程也能自己完成吗? 其实，只要细心学习，有什么手艺学不会呢? 毕竟家是生活的小天地，只有用起来随心所欲，才会变得舒适。今天跟鲁师傅学电路改造，即使新家电力改造时不必自己动手，至少也可以当一个合格的"监工"嘛。

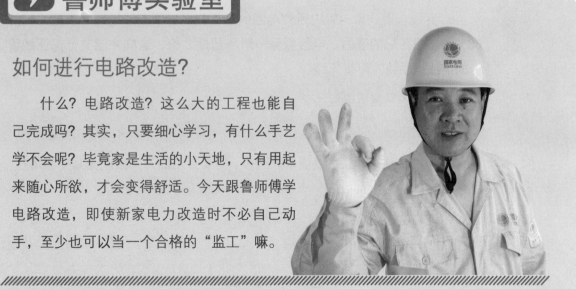

实验工具

铅笔　　直尺　　工具箱　　线管　　暗盒

实验演示

1. 先按需求画一张电力改造、电线分布的图纸。

2. 弹线。在现场确定开关、插座的位置，并用墨斗弹出需要开槽的线。

3. 开槽。用切割机沿弹好的墨线在墙或地面上切出需要暗装线管及暗装底盒的槽，开槽要注意分寸，太深太浅都不行。

4. 清理渣土。一定要清理干净。

5. 安装穿线管、暗盒。根据开好的凹槽走向，用弯簧把线管握弯，装好锁母，安装暗盒。

6. 穿线。要注意，管内所穿电线的总横截面积不应超过线管横截面积的60%，在相匹配的管内，电线数量一般不超过 3 根，这样才能充分保证线管内的电线是活线，而非死线。

7. 连接各种强弱电线线头。

8. 封闭电槽。

9. 标尺寸，拍照留底，以便未来维修。需要封闭的开关插座尤其要标清楚。

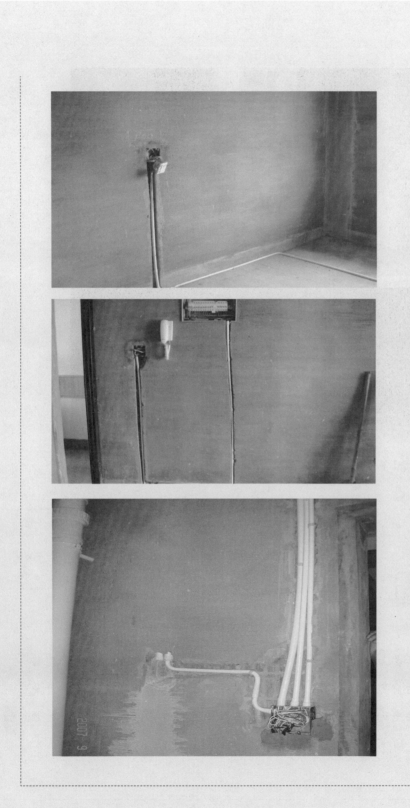

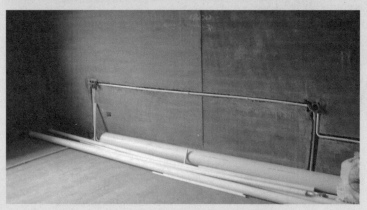

鲁师傅板书

　　世上没有后悔药，为避免日后无穷无尽的麻烦，宁可在电路改造前先麻烦一下，好好地、严格地规划一下线路的分布、开关和插座的设置等，并在改造时严格按流程办事，切不可图一时便利，留下无穷后患。

鲁师傅提问

01 一般选择什么材料做电线?

02 家庭线路装修时插座应分布在什么位置?

03 电路铺设时需避免哪些误区?

04 电路改造的基本流程是什么?

知识小结

01 电路改造、施工的流程一般为：弹线、开槽、清渣、安线管、穿线、连接线头、封闭电槽、标尺寸、拍照留底。

02 装修时要避免的误区。

03 插座的正确安装。

延伸阅读

家庭电路改造存在许多"雷区"，一旦踩雷，将会导致日后无穷无尽的麻烦。在电力改造施工时，我们不仅要注意各项电路铺设的细节，在安装电箱时也应格外注意，避免进入重重误区……

只要在"电工鲁师傅"公众号中，回复"**电箱安装误区**"就可以通过鲁师傅了解详情啦。

"

紧急遇险不要怕，
解、松、压、呼是妙法。

"

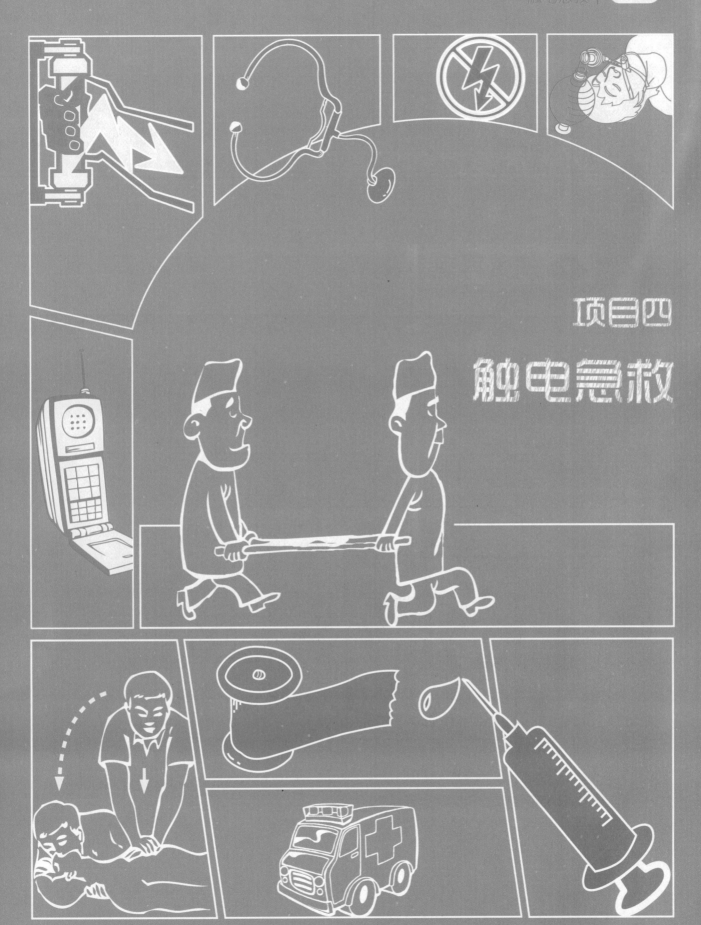

项目四

触电急救

活动一：
危急时刻显身手

🌩 情景再现

　　傍晚饭后，游爸和游妈准备带着刚学会走路的儿子下楼去散步。当游爸、游妈正忙着换鞋、锁门时，儿子已迫不及待向过道跑去。这时，墙角处已破损一年、线头裸露却始终未维修的安全出口指示灯引起了他的兴趣，不知有危险的他伸手去摸，结果手指头被电狠狠击了一下。儿子"哇"的一声大哭起来。听到哭声，游妈飞奔过去，发现儿子手指上起了个大泡。游妈紧紧抱住儿子，庆幸他没有受到更大的伤害。

⚡ 知识链接

一、触电种类 >>

指人接触接地体，同时接触一根火线，导线电流通过人体流入大地形成的触电。

单相触电

人体同时接触两根火线所造成的触电。

两相触电

因设备原因造成外壳带电，而设备没有可靠接地，人接触设备外壳所造成的触电。

设备外壳触电

电力线路发生断线时，人靠近落地线后进入触电范围，若两脚之间的电位不同，就会形成跨步电压使人触电。

跨步电压触电

此外，还有高压触电、雷击触电、失衡静电、危险源静电等。

其他触电

鲁师傅提醒

人的心脏偏左，若左手触电，电流会马上通过心脏，易造成死亡；而若右手触电，电流只通过心脏旁边，受到的伤害会小一些。因此，生活中应养成用右手按电气开关的习惯。

二、触电急救措施 》》

（一）迅速解脱电源

低压触电

如果触电者衣物干燥且宽松，可用一只手抓住其衣服，使其离开电源。

若触电发生在低压带电的架空线路上或配电台架、进户线上，如可切断电源，应迅速断开电源，然后登杆施救。注意，救护者应做好自身触电、坠落的防护措施，并用带绝缘胶柄的钢丝钳、绝缘物或干燥、不导电的物体等工具帮触电者脱离电源。

当触电地点附近有电源开关或电源插座时，应及时切断电源，必要时可用绝缘工具切断电源。

当电线搭落在触电者身上或压在其身下时，可用干燥的衣物、绳索、木板、皮带等绝缘物拉开触电者或挑开电线。

高压触电

1. 第一时间通知有关部门停电。

2. 戴上绝缘手套、穿上绝缘靴，用相应等级的绝缘工具关闭开关。

3. 抛掷裸金属线使线路短路接地，迫使保护装置断开电源。注意，抛掷前，应先将金属线的一端可靠接地，然后再抛另一端，抛掷的一端不可触及触电者或其他人。

（二）现场简单诊断

判断意识是否丧失法

用5s左右的时间呼叫触电者或轻拍其肩部，如无回应，应高声呼救求助，并拨打120急救电话。注意，切忌摇动触电者头部呼号。

判断心肺功能是否良好法

看。看平躺的伤员胸部有无呼吸起伏。

听。将脸颊靠近触电者口鼻，保持3cm左右的距离，用5～10s的时间，听其鼻端是否有呼吸气流声。

感觉。不能感觉到呼吸气流即为呼吸停止。

检查其大动脉搏动：右手食指和中指从下颌中点下移到病人颈部的喉结，旁开1～2cm，位于胸锁乳突肌和喉结的中点，观察5～10s，判断颈动脉窦的搏动情况。

（三）采取必要急救措施

针对神志清醒者

应让伤员就地躺平，严密观察一段时间，暂时别让他站立或走动。

针对神志昏迷者

先让他仰面躺平，拨打 120 急救电话。打开气道，清除其口腔内的分泌物、呕吐物、假牙等，用压额提颌法保持其气道通畅。

如果发现伤员心肺功能停止，应立即采取人工呼吸：捏紧伤员鼻孔，用口唇包住患者口唇，平稳向内吹气 2 次，每次时间不少于 1s；每次吹气后，口唇离开，松开手指。

在人工呼吸的同时，应采取胸外心脏按压：将一手掌根放在胸骨与乳头连线中点，手臂伸直，双手交叉，手指互扣，按压频率为每分钟 100 次。按压与吹气比率为 30：2。心肺复苏约 2min 后，还需对伤员进行一次检查。

⚡ 鲁师傅实验室

如何进行触电急救？

如果只是纸上谈兵，那么永远也上不了战场。要想在实际生活中真正做到学以致用，在有人触电时能立刻实施紧急救援，还需要跟鲁师傅来实际操练一下。

实验工具

瑜伽垫　　　　假人　　　　导线

实验演示

1. 模拟触电场景，设置好假人触碰导线触电后陷入昏迷的事故现场。

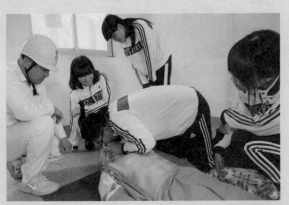

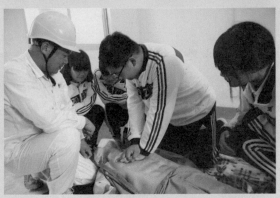

2. 急救实操：切断电源，帮助伤员脱离电源、平躺在安全位置，在现场对其进行快速地检查和心肺复苏急救。

① 意识判断

② 清理口腔

③ 看、听、试

④ 口对口人工呼吸

⑤ 心脏正确位置

⑥ 胸外心脏按压法

鲁师傅板书

" 触电者如果伤势严重，会出现面色苍白、瞳孔放大、脉搏和呼吸停止等症状。在遇到触电情况时，要沉着冷静、迅速果断地针对不同伤情，采取相应的急救措施。只要方法正确，施救就会起效。但紧急情况下的抢救必须分秒必争，如果对自己的急救能力没有把握，还是大声呼救或紧急拨打120吧，以免好心做坏事，耽误了最佳抢救良机！ "

鲁师傅提问

01 触电种类有哪几种?

02 当发生低压触电、高压触电时,分别应如何迅速、正确地帮助触电者脱离电源?

03 触电急救的步骤有哪些?

知识小结

01 触电种类:单相触电、两相触电、设备外壳触电、跨步电压触电等。

02 触电后的急救措施。

延伸阅读

关注并回复

　　人命关天的时刻见义勇为是好事,但如果处理不当,好事又会变成坏事。那么,当遇到昏迷的伤者时,该如何正确地采取急救措施,又有哪些特别需要注意的细节呢? ……

　　只要在"电工鲁师傅"公众号中,回复**"危急时刻显身手"**就可以通过鲁师傅了解详情啦。

活动二：
杜绝电气火魔的"吞噬"

⚡ 情景再现

　　在没有暖气的南方，用浴霸让人们在寒冷的冬季洗澡不再冷。不过浴霸毕竟不是太阳，可以无止境地"燃烧"、源源不断传输热能。事实上，由于浴霸功率太大，它在给人们带来便利的同时，也潜在许多安全隐患。2015年，四川三台县一家美容院因浴霸超负荷使用起火，而当天此县有一户居民家庭也因浴霸线路超负荷运行起了大火……

　　但这一切难道都是浴霸的错么？

　　对此，浴霸有话要说："我其实挺强大的，可你们能不能给我配备一些配得上我的大功率的电线呢？你们用我的时候能不能爱惜一点呢？我也是会累的，我也是有脾气的……"

⚡ 知识链接

一 电气火灾的原因 》》

　　据调查，不少火灾皆因电气线路故障及用电设备、器具老化或使用不当所致，具体原因如下：

漏电火灾

　　当线路发生漏电时，漏泄的电流如果在流入大地的途中遇到电阻较大的物体，会产生局部高温，致使附近的可燃物着火，从而引起火灾。此外，漏电点产生的漏电火花也会引起火灾。

短路火灾

　　当线路短路时电阻突然减少、电流突然增大，其瞬间发热量会大大超过线路正常工作时的发热量，且容易在短路点产生强烈的火花和电弧，从而熔断金属、点燃绝缘层，引发火灾。

过负荷火灾

　　超负荷运行会加速线路绝缘层老化、变质，并会致使导线温度剧增、烧坏绝缘层，从而引燃导线附近的可燃物，引发火灾。

接触电阻过大火灾

　　电线接头中有杂质、连接不牢或接头接触不良，会造成接触部位局部电阻过大，当电流通过接头时，会在此处产生高热，从而引发火灾。

二 电气火灾后如何补救 >>

　　因电路故障或电气设备引发的火灾，应采取断电扑救方法，如果不能迅速断电，也可使用二氧化碳、四氯化碳、1211灭火机或干粉灭火机等灭火器材。但千万不能直接用水扑火，因为水能导电，如果此前尚未切断电源，泼水不仅无法达到救火目的，还可能引发爆炸、触电事故。

⚡ 鲁师傅提醒

　　电气引发起火时，有两类灭火器千万不要用——酸碱灭火机、泡沫灭火机。因为它们的灭火药液会导电，会强烈腐蚀电器设备，并且事后不易清除。

⚡ 鲁师傅实验室

教你如何使用灭火器

　　灭火器，这个随处可见的红罐罐，现实生活中使用它的机会不多，因此真正懂得使用它的人也不多。如果这样，灭火器的存在还有价值吗？为了让灭火器真正能起到灭火作用，还是跟鲁师傅来学一学对它的维护和使用吧。

实验工具

干粉灭火器

实验演示

用干粉灭火器演示灭火过程：

1. 打开干粉灭火器；

2. 站在上风向；

3. 将灭火器提到距离火源的适当位置，上下颠倒几次使筒内干粉松动；

4. 将喷嘴对准燃烧最猛烈处；

5. 拔去保险销，压下压把进行灭火。

 观察实验结果

干粉灭火器应用范围广泛，油、燃气、电气故障等引发的火灾均可扑灭。

鲁师傅板书

> 要想让灭火器在关键时候发挥作用，就应对它做好日常维护：
>
> ◎ 检查灭火器铅封。
>
> ◎ 检查灭火器压力指数：红色区域表示已经失效；绿色、黄色区域表示压力正常。
>
> ◎ 检查灭火器有效期：一般为五年。

鲁师傅提问

01 怎样的火灾为漏电火灾?

02 引起电器火灾的原因有哪些?

03 家中电器着火时应如何正确灭火?

知识小结

01 电气火灾的原因。

02 火灾发生后的扑救措施。

器材篇

"

出门要会看标识，
动手要会用工具。
安全常识牢牢记，
电力事故可远离。

"

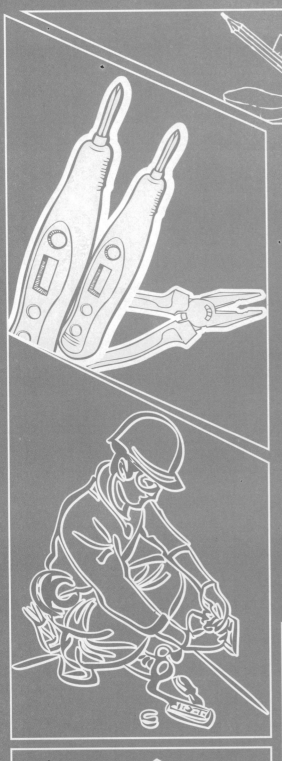
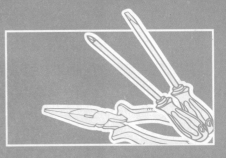

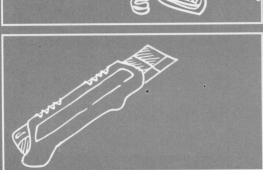
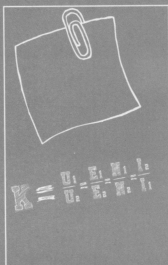

项目

常用工具

活动一：
认识你们很高兴

⚡ 情景再现

　　在电的世界，我们不仅需要了解一些有关的电的术语、安全用电的常识，还要学会看图会意。因为许多存在触电安全隐患或需要提醒用电注意事项时，不会有专人告知，更没有高音喇叭一天二十四小时向你提醒，而往往是通过一个醒目的电力安全警示牌来表达。如果你不懂这些，那么，对不起，那头误闯"雷区"的"小鹿"，很可能就会是你哦！

⚡ 知识链接

一、五花八门的标志 >>

通过颜色与几何形状的组合表达通用的安全信息，并通过附加图片符号表达特定安全信息的标志。

安全标志

为另一个标志提供补充说明、起辅助作用的标志。

辅助标志

在一个矩形载体上同时含有安全标志和辅助标志的标志。

组合标志

禁止人们不安全行为的图形标志。

禁止标志

提醒人们对周围环境引起注意、以避免发生潜在危险的标志。

警告标志

向人们提供某种信息，如标明安全设施或场所等的图形标志。

提示标志

强制人们必须做出某种动作或采用防范措施的图片标志。

指令标志

二、电力安全标识 》

警告工作人员不得接近设备的带电部分或禁止操作设备，指示工作人员何处可以工作及提醒工作时必须注意的其他安全事项。

电力安全标识的作用

禁止安全标志系列

电力警告安全标志系列

指令安全标志系列

电力提示安全标志系列

消防安全标志系列

常用电力安全标语

国家电力标志牌

各类电力标识分类

三、各类安全标志牌颜色、形状的规定 》

黄底、黑边、黑图案，形状为等边三角形，顶角朝上。

警示标志的颜色

白底、红圈、红杠、黑图案，图案压杠；其中解除禁超车、解限制速度标志为白底、黑圈、黑杠、黑图案，图案压杠，形状为圆形；让路标志为顶角向下的等边三角形。

禁令标志的颜色

蓝底、白图案，形状为圆形、长方形和正方形。

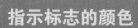
指示标志的颜色

除里程碑、百米桩、公路界牌外，一般道路指路标志为蓝底、白图案。

指路标志的颜色

知识小结

 要求准确认读各类标志，并能说出标志的意义。

活动二：电力作业好帮手

⚡ 情景再现

　　家里停电了，是哪里出了问题呢？考虑到触电是件很可怕的事情，小朱小心翼翼地戴上绝缘手套，站在绝缘木板上。可是，当手里拿着从邻居家借来的试电笔时，他却一脸茫然，一直站着没有动静——天呢，原来他不知道该怎么用！

⚡ 知识链接

试电笔

试电笔在使用时，必须用手指触及笔尾的金属部分，并使氖管小窗背光、朝自己，以便观测氖管的亮暗程度。光线太强容易造成误判。

当使用试电笔测试带电体时，电流经带电体、试电笔、人体及大地形成通电回路，只要带电体与大地之间的电位差超过60V，电笔中的氖管就会发光。低压验电器检测的电压范围为 60 ～ 500V。

螺丝刀

当螺丝刀较大时，除大拇指、食指和中指要夹住握柄外，手掌还应顶住柄的末端以防施转时滑脱。

尖嘴钳

尖嘴钳头部尖细，适合在狭小的工作空间操作。可用来剪断较细小的导线，夹持较小的螺钉、螺帽、垫圈、导线等，或用来对单股导线整形（如平直、弯曲等）。

使用尖嘴钳带电作业时，应检查其绝缘是否良好，并且千万别让金属部分触及人体或邻近带电体。

钢丝钳

钢丝钳在电工作业时用途广泛：钳口可用来弯绞或钳夹导线线头；齿口可用来紧固或起松螺母；刀口可用来剪切导线或钳削导线绝缘层；侧口可用来铡切导线线芯、钢丝等较硬线材。

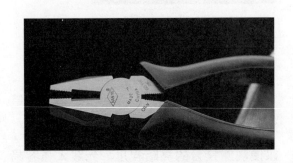

数字万用表

测量精度高 　　可靠性好

显示直观 ☑　　小巧轻便 ☑

功能全 ☑　　用途非常广泛 ☑

面板构成： 由 LCD 液晶显示器、电源开关、量程选择开关、表笔插孔等几个部分构成。

输入插口： 它是万用表通过表笔与被测量连接的部位，设有"COM"、"V·Ω"、"mA"、"10A"四个插口。使用时，黑表笔应插入"COM"插孔；红表笔按照被测种类和大小，分别选择插入"V·Ω"、"mA"或"10A"插孔。在"COM"插孔与其他三个插孔之间分别标有最大（MAX）测量值，如 10A、200mA、交流 750V、直流 1000V。

兆欧表

兆欧表在选择时应考虑两个方面：一是电压等级，二是测量范围。

需测量的设备或线路的额定电压	对应兆欧表的测量范围（V）
500V 以下	500
500V 以上	1000～2500
测量瓷瓶	2500～5000

⚡ 鲁师傅实验室

如何自检家庭电路故障？

家里断电可以由许多原因造成，可是电线隐藏在墙壁内，而且线路错综复杂，要怎样才能诊断问题出在哪里呢？不要着急，鲁师傅有办法。

实验工具

试电笔

数字万用表

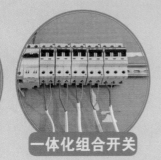
一体化组合开关

实验演示

1. 用试电笔检测线路：分别用试电笔测量电路中的火线与零线。

2. 分析测试结果：如果试电笔在用电器和火线之间发光，在用电器和零线之间不发光，说明电路正常。

3. 用万用表检测交流电压：打开万用表开关，将万用表量程置于 ACV（交流电压挡）750V 挡，然后将表笔插入电源插座。

4. 分析测验结果：如果这时液晶屏显示相应电压，说明电压正常；如果不显示电压，说明线路断路。

5. 试拉、合开关隔离故障：先把所有开关都拉开，接着按照先总后分的原则试送电，排查故障。

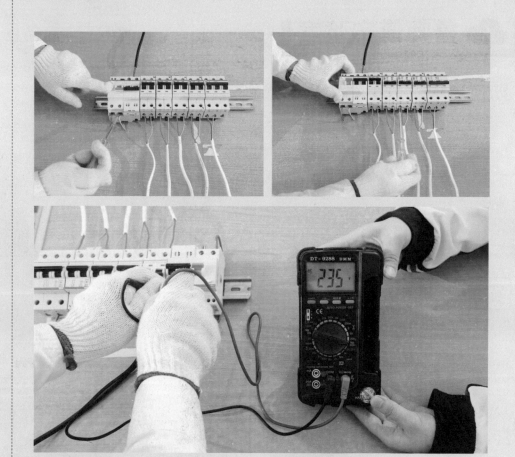

鲁师傅板书

> 断电时要诊断家庭电路的故障出在哪里，也有一个先总后分的原则，应该首先检查总配电箱，看熔丝是否熔断、剩余电流动作保护器是否跳闸。如果只是断了熔丝，或漏电保护器跳闸，就完全没有必要兴师动众启用试电笔、数字万用表等工具啦。

⚡ 知识小结

 认识各种工具，并掌握正确的使用方法。

扫一扫了解更多信息

扫

电工鲁师傅
ELECTRICIAN Mr.Lu

用电有问题，请找电工鲁师傅。